AF493925

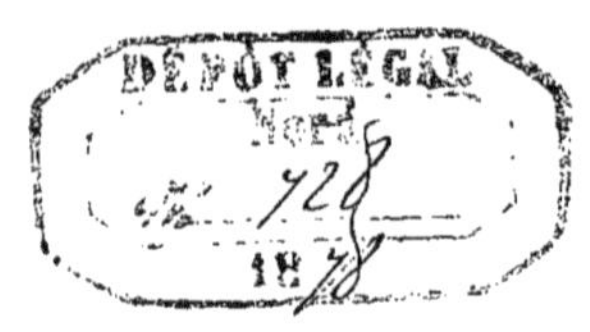
DÉPOT LÉGAL
Nord
N° 728
1878

TROIS SEMAINES

EN PALESTINE

O²f
571

TROIS SEMAINES

EN

PALESTINE

Par François JOLLIVET-CASTELOT

DOUAI

DECHRISTÉ, IMPRIMEUR BREVETÉ, RUE JEAN-DE-BOLOGNE.

—

1878

A MON AMI G. DE K.

C'est à toi, mon cher Georges, que je dédie ces souvenirs. En les écrivant, mon but a été de faire partager, autant que possible, à ceux qui voudraient bien me lire et dont je réclame ici toute l'indulgence, les profondes émotions et l'incomparable intérêt que m'ont inspirés l'aspect et l'étude des Lieux Saints.

Je rapporte ce que j'ai vu, tel que je l'ai vu et compris. Puissé-je n'être pas resté trop au-dessous d'un aussi grand sujet !

A toi de cœur.

F. JOLLIVET-CASTELOT.

Octobre 1878.

TROIS SEMAINES
EN PALESTINE

DE BEYROUTH A JÉRUSALEM

Je résidais depuis une année environ à Beyrouth où m'attachaient des fonctions diplomatiques lorsque, au commencement du printemps de 1870, je mis à exécution le projet que j'avais formé, dès mon arrivée en Syrie, de me rendre en Palestine pour y visiter les Lieux vénérés où se sont opérés les principaux mystères de la Rédemption.

Le moment ne pouvait être mieux choisi. Nous allions, en effet, entrer dans les Jours Saints, et assurément, à tous les points de vue, Jérusalem offre au pèlerin, pendant le Temps Pascal, un intérêt plus vif encore qu'à toute autre époque de l'année.

Le 12 avril au soir, accompagné de M. Ceccaldi, drogman du Consulat général de France à Beyrouth, et d'un domestique, je m'embarquai à destination de Jaffa, qui est le port de Jérusalem située à quinze lieues plus haut dans les terres, sur le paquebot français le *Tibre* venant de Marseille et se dirigeant vers Alexandrie d'Egypte, extrémité de la ligne du Levant.

Les villes où l'on fait escale pendant ce long trajet de mer qui ne dure pas moins de quatorze jours, sont Palerme, Messine, Syra, Smyrne, Rhodes, Mersina, Alexandrette, Lattakièh, Tripoli de Syrie, Beyrouth, Jaffa et, enfin, Port-Saïd.

La distance de Beyrouth à Jaffa est d'environ cinquante lieues marines. Nous la franchîmes en une nuit. Vers une heure du matin nous avions rangé la côte de Caïffa, petite ville turque bâtie au pied du mont Carmel dont la cîme élevée est couronnée de chênes verts, de palmiers et d'oliviers au sombre feuillage. Un de ces magnifiques clairs de lune, comme on n'en voit que dans le Levant, éclairait tout ce paysage d'une lueur argentée.

Les nuits d'Orient sont claires, silencieuses, admirablement belles. Rien ne peut en rendre la transparence, la pureté, le calme grandiose. Elles ne sont précédées d'aucun crépuscule : on passe sans transition du jour éclatant à la nuit complète.

A l'extrémité nord-ouest du promontoire ou cap Carmel se dresse le couvent Franciscain.

Ce vaste monastère, entouré de hautes murailles, ressemble à un château-fort. Je ne sais si c'est une tradition laissée en Orient par les divers Ordres hospitaliers, moitié religieux, moitié militaires, qui s'y sont succédé au Moyen-Age et si, le cas échéant, les moines d'aujourd'hui ressentiraient les ardeurs guerrières de ceux d'autrefois; mais j'ai remarqué bien souvent, en Palestine et en Syrie, que les couvents y étaient construits comme des forteresses et pourraient, au besoin, soutenir des siéges.

Quoi qu'il en soit, c'est là, même de nos jours, une sage mesure de précaution.

Notre traversée fut favorisée par un temps superbe. A quatre heures du matin, un bruit prolongé de chaînes et d'ancres roulées avec fracas au-dessus de ma tête m'éveilla et, à travers la petite lucarne de ma cabine, j'aperçus dans un flot de lumière la ville de Jaffa dont les blanches coupoles et les maisons superposées en étages étincelaient au soleil levant.

Le *Tibre* était mouillé en rade, à un mille environ de la côte.

Ici, comme dans presque toutes les autres Echelles du Levant, il n'y a point de port. On ne saurait, en effet, donner ce nom à un étroit canal à demi ensablé mesurant 12 à 15 mètres de longueur et dont l'entrée n'a pas plus de 3 mètres de largeur. Cette passe est resserrée entre des bancs de rochers qui la rendent fort dangereuse. Aussi, à moins de la bien connaître, ne faut-il s'y engager que sous la conduite d'un pilote indigène.

La rade de Jaffa est détestable. C'est un des mouillages le plus justement redoutés des marins. Une houle incessante et très-forte s'y fait sentir en toute saison et il arrive fréquemment, en hiver, que les bâtiments se trouvent dans l'impossibilité absolue de communiquer avec la ville pendant plusieurs jours par suite du mauvais état de la mer.

En montant sur la passerelle, je vis un spectacle inattendu et bien empreint de couleur locale. Notre paquebot était entouré par une nuée de barques arabes montées, pour la plupart, par de grands nègres à demi-nus qui s'agitaient avec mille contorsions bizarres et apostrophaient les passagers dans un idiôme barbare et absolument inintelligible. C'est là, d'ailleurs, la façon habituelle à cette race avide et grossière d'offrir ses services. Mais je dois dire que, au premier abord, on est surpris et, surtout, assourdi par ces clameurs sauvages qu'accompagne une pantomime aussi vive que grotesque.

On peut difficilement se faire une idée de la ténacité et de la hardiesse de ces petits-fils de Cham. Je les voyais, méprisant les horions et les coups de garcette que faisaient pleuvoir dru sur eux les matelots du *Tibre*, s'accrocher aux échelles de bord et prendre d'assaut le pont du navire où ils cherchaient à s'emparer, pour les transporter à quai et peut-être aussi pour se les approprier, de tous les colis qui leur tombaient sous la main. Au milieu de ce tumulte et de ce désordre, il ne reste plus à l'infortuné voyageur qu'à s'asseoir sur sa malle, trop heureux encore s'il n'est pas emporté de vive force avec elle !...

Le Commandant m'avait offert sa baleinière pour me rendre à terre et je me disposais à y descendre, lorsqu'une embarcation, portant à l'arrière les couleurs françaises, vint aborder le *Tibre*. Elle était montée par le vice-consul de France à Jaffa, M. Philibert qui, prévenu par un télégramme que je lui avais adressé de Beyrouth du jour de notre arrivée dans la ville de sa résidence, venait gracieusement nous chercher à bord. Le caïque, emporté par six vigoureux rameurs, ne tarda pas à accoster à quai où nous mîmes pied à terre.

Jaffa, dont il est déjà parlé dans l'Ecriture-Sainte sous le nom de Joppé, remonte à la plus haute antiquité. Elle est bâtie en amphithéâtre sur une colline de sable qui domine la mer. Ses rues, montueuses, malpropres et étroites, en forme d'escaliers, sont bordées de maisons basses et misérables terminées en terrasses ou en petits dômes blanchis à la chaux. On ne rencontre par la ville que de longues files d'ânes, de mulets et de chameaux chargés des produits de Syrie et de Mésopotamie et qui descendent au rivage pour y déposer leurs fardeaux. Le disgracieux dromadaire, allongeant sans cesse son cou long et flexible, s'avance de ce pas lent et cadencé dont l'aspect seul suffirait à donner le mal de mer aux personnes impressionnables.

Jaffa ne possède aucun monument qui mérite d'être cité. Les mosquées sont laides et sans caractère. Quelques fûts de colonnes brisées et de gros blocs de pierre, encastrés çà et là dans le mur d'enceinte, sont les seuls témoins de son antique origine.

L'unique place de la ville est celle qu'a immortalisée le pinceau de Gros dans son fameux tableau historique des pestiférés de Jaffa visités par le général Bonaparte en 1799. La population est d'environ cinq mille âmes dont un cinquième est chrétien. Le reste est juif ou musulman. En dehors des murailles, s'étendent dans la campagne de beaux jardins plantés d'orangers, de limoniers et de citronniers magnifiques dont les fruits extraordinairement gros et très-renommés constituent, avce l'huile de sésame et le savon, une des principales branches du commerce d'exportation de Jaffa. Après avoir visité la ville et les jardins, nous nous rendîmes chez M. Philibert qui nous attendait à déjeuner. Il habitait, au centre de Jaffa, une petite maison arabe dont il avait su tirer un excellent parti et qui, par ses soins, était devenue très-confortable. Bâtie à mi-côte elle a, d'un côté, une vue fort étendue sur la mer ; de l'autre, une grande cour dallée et à ciel ouvert l'isole de la rue. A droite et à gauche de cette cour s'élèvent les bâtiments de service.

Pendant le repas, nous fûmes servis par un jeune nègre de dix à douze ans que notre hôte venait d'arracher tout récemment, moyennant une somme de 300 francs, des griffes d'un négrier qui passait par Jaffa. Il l'avait fait aussitôt baptiser et un prêtre arabe le préparait à sa première Communion. Ce négrillon était originaire d'Abyssinie. Encore très-craintif, presque sauvage même, le malheureux enfant voyait dans chaque étranger un marchand d'esclaves et pour peu qu'on voulût l'interroger il s'enfuyait au plus vite.

Cet odieux trafic de chair humaine est toujours, sinon ouvertement autorisé et pratiqué, du moins parfaitement toléré et tacitement encouragé dans tous les Etats barbaresques. Les Pachas, ne faisant du reste en cela que suivre l'exemple donné par les Sultans eux-mêmes, favorisent ce honteux et détestable commerce. Ils n'éprouvent, en effet, aucun scrupule à acheter soit des négresses pour le service intérieur de leurs maisons, soit des femmes blanches pour le harem. Ces dernières, généralement fort belles, viennent des environs du Caucase et sont vendues à des prix qui varient depuis dix mille jusqu'à cinquante mille francs et au-delà. C'est de la marchandise de luxe!...

La traite immorale des noirs et des blanches ne prendra fin, sans doute, qu'avec cet Empire Turc usé et affaibli qui tombe déjà en décomposition et ce sera seulement sous l'influence bienfaisante et salutaire de la civilisation chrétienne que disparaîtra cette plaie honteuse.

Vers quatre heures de l'après-midi, je priai M. Philibert de vouloir bien faire chercher les moukres (1) et les chevaux qu'il avait retenus pour nous. Nous devions aller coucher, en effet, le soir même à Ramlèh, petit village situé à peu près à moitié route de Jaffa à Jérusalem, et je voulais y arriver avant la nuit. L'étape est d'environ trente kilomètres. On ne compte guère plus de soixante kilomètres entre les deux villes.

Jaffa n'a qu'une porte située au nord-ouest; ce qui rend les communications avec l'extérieur si difficiles. Elle est toujours forcément encombrée par une foule de piétons, de cavaliers et de bêtes de somme de toute espèce auxquels elle livre indistinctement passage, soit pour entrer en ville, soit pour en sortir. Rien ne peut donner une idée de ce va-et-vient continuel, de ce brouhaha, en un mot de la confusion qui règne en cet endroit. On s'y croise, on s'y presse, on s'y coudoie dans des flots de poussière qui aveuglent hommes et

(1) On appelle moukres, en Orient, les loueurs de chevaux, d'ânes, de mulets, etc. Ils font, en même temps, métier de guides pour accompagner les voyageurs.

chevaux. Ce passage n'est pas sans danger, d'autant plus qu'on n'y exerce, bien entendu, aucune police et qu'il faut la faire soi-même à coups de cravache ou de bâton.

A peine a-t-on dépassé la porte, on se trouve sur le marché extérieur de Jaffa, vaste place plantée de gros palmiers et au milieu de laquelle s'élève une jolie fontaine en marbre blanc veiné de rouge. Tout autour sont établis de nombreux cafés arabes bâtis en bois où les oisifs de la cité se donnent rendez-vous, dans l'après-midi, pour fumer le narghilé ou le tchibouk et pour causer de leurs affaires.

En traversant ce marché, j'aperçus un campement d'Arabes nomades le plus empreint de couleur locale. Ces fils du désert avaient dressé leurs tentes à l'une des extrémités de la place. Un pan de toile relevée permettait au regard de plonger à l'intérieur et laissait voir les hôtes étranges de ces mobiles demeures.

Des femmes au teint cuivré, aux traits fortement accentués, au costume bizarre, vaquaient aux soins du ménage, tandis que les enfants à demi-nus se roulaient à leurs pieds sur de vieilles nattes trouées.

Les hommes recouverts de longs burnous en laine blanches et coiffés du turban ou du couffié (mouchoir en soie), fixé autour de la tête par une cordelière brune en poils de chameau, se tenaient nonchalamment assis sur leurs talons devant les tentes.

Ils fumaient la cigarette ou la longue pipe arabe avec cette indolence qui caractérise les Orientaux et qu'ils apportent à tout ce qu'ils font. A peine, de temps à autre, jetaient-ils autour d'eux un regard distrait. C'était bien là ce que, en Turquie, on appelle faire le « kief. »

Ce groupe d'Arabes, au visage mâle et bronzé, à la barbe inculte, offrait un tableau des plus attachants et des plus pittoresques. Aux alentours, leurs chevaux, maigres et nerveux, attachés au piquet, broutaient çà et là quelques touffes d'herbe desséchée.

C'est en quittant la place du marché extérieur de Jaffa, que, dans le chemin poudreux qui mène à Ramlèh, je me rencontrai pour la première fois avec des lépreux.

Aujourd'hui encore, comme sous l'ancienne loi, ces infortunés sont abandonnés à la charité publique et végètent tristement à la porte des cités. Les ravages causés par l'horrible maladie biblique sont effroyables. Ce mal héréditaire s'attaque d'abord aux yeux qui se couvrent d'une taie sanglante ; puis, gagnant les différentes parties du visage, il le ronge en entier ainsi que les extrémités du corps. Les pieds et les mains tombent en lambeaux. C'est un spectacle hideux et lamentable ! Dissimulés derrière d'épaisses haies de cactus qui bordent à cet endroit les deux côtés de la route, ils ne sortent de leurs guérites de bois blanc que pour tendre la main aux passants. Du plus loin qu'ils nous aperçurent, ils se traînèrent sur les genoux au-devant de nos chevaux en poussant des gémissements et des cris sauvages. Nous fûmes bientôt entourés par une trentaine de lépreux de tout sexe et de tout âge qui demandaient l'aumône et qui nous barraient absolument le passage. Nous jetâmes à chacun d'eux quelques piastres et je m'éloignai le cœur serré à la vue de tant de misères.

Il est inexplicable que le gouvernement ottoman ne se préoccupe pas davantage du sort réservé à ces pauvres parias que l'incapacité de travailler plonge fatalement dans le plus affreux dénûment. Ils ne vivent que de rapines ou d'aumônes. On reconnaît bien là, d'ailleurs, l'incurie et l'égoïsme turcs.

Une particularité étrange, c'est que leurs enfants naissent sains d'apparence et sont préservés de la contagion jusqu'à l'âge de 12 à 15 ans. Alors seulement commencent à se manifester chez eux les premiers symptômes de la lèpre qui se développe bientôt d'une façon aussi rapide qu'irrémédiable.

On ne rencontre guère, jusqu'à Ramlèh, que deux ou trois hameaux à peine habités. Quand nous les traversions, le bruit du pas de nos chevaux attirait sur le seuil de leurs misérables cabanes, bâties en boue et recouvertes d'herbes sèches, de pauvres familles arabes, au type dégénéré, qui nous regardaient passer d'un œil morne et indifférent. Il y a peu d'années encore, ce pays était infesté par le brigandage. Des tribus nomades rôdaient sans cesse dans la contrée, se tenant de préférence aux abords des routes pour surprendre et dévaliser les voyageurs isolés. Cet état de choses s'est beaucoup amélioré, depuis que le gouvernement a formé une cohorte de cavaliers indigènes chargés de la surveillance et de la police de la route, aujourd'hui très-fréquentée, qui va de Jaffa à Jérusalem.

Les attaques dans ces parages sont donc devenues beaucoup moins fréquentes que par le passé et, à moins que l'on ne se hasarde à voyager seul et la nuit, elles ne sont même plus à redouter. Quant à nous, nous ne fûmes nullement inquiétés, ni à l'aller, ni au retour, bien que notre escorte fût des plus modestes.

De distance en distance, à une portée de fusil environ du bord du chemin, sont échelonnés dans la campagne les petits khans ou corps-de-garde bâtis en pierres sèches qui servent de logement aux hommes de la milice. A diverses reprises, je croisai sur la route plusieurs d'entre eux qui galopaient avec l'ardeur propre aux cavaliers arabes. Au premier abord, on pourrait les prendre pour des détrousseurs de grands chemins, tant leur tenue et leurs allures sont étranges. J'ajouterai même qu'ils m'inspiraient si peu de confiance que je les surveillais attentivement, me demandant parfois s'il n'allait pas leur prendre tout-à-coup fantaisie de braquer sur moi le long fusil dont ils étaient armés. Connaissant le peu de garanties que présente en Turquie le recrutement des divers agents du gouvernement, surtout en ce qui concerne les services secondaires tels que celui dont nous parlons, j'avais lieu de penser que ce corps spécial n'était pas mieux organisé que les autres : dès-lors, je pouvais m'attendre à toutes sortes d'abus de la part de ceux qui le composent.

Après avoir longé, sur un très-grand parcours, l'immense plaine de Saron où l'on remarque quelques maigres cultures d'orge et de maïs et que limitent à l'horizon les montagnes bleuâtres et peu élevées de la Judée, nous arrivâmes à Ramlèh au soleil couchant. A l'entrée du village se trouve le couvent Latin où nous allâmes frapper.

Ce monastère, bâti en 1240 grâce aux libéralités de Philippe-le-Bon, duc de Bourgogne, est occupé par des moines franciscains qui nous reçurent avec la plus franche cordialité. Presque partout, en Orient, les couvents servent d'hôtelleries et le voyageur, quelles que soient sa nationalité et sa religion, est toujours assuré d'y trouver bon accueil.

Pendant que l'on préparait le souper, nous parcourûmes le village qui ne me parut pas différer sensiblement de ceux que nous avions déjà traversés, tant il est pauvre et désolé. Les habitants, au nombre d'environ 800, logent dans des maisons en terre durcie et aux toits de chaume. La plus grande misère règne parmi eux : leurs visages pâles et décharnés, les haillons dont ils sont vêtus témoignent suffisamment, d'ailleurs, de leur triste condition. Chaque famille possède à peine un sillon au soleil, qui lui rapporte, au prix d'un rude labeur, le pain grossier de chaque jour. Ils sont soumis à toutes les exigences et à toutes les exactions de leur kaimakam sans recours possible et sans aucun espoir de voir améliorer leur triste sort. C'est là ce qui explique le découragement et la profonde insouciance de ces malheureuses populations courbées sous le joug ottoman et dont on épuise ainsi peu à peu la vitalité, en paralysant chez elles toute activité, toute initiative et tout effort généreux.

Ramlèh n'a, à vrai dire, qu'une rue, longue, étroite, semée de cailloux et de ronces enchevêtrées, à l'extrêmité de laquelle s'élève une ancienne église bâtie par les Croisés et qui est aujourd'hui une mosquée. Elle est flanquée d'une vieille tour lézardée appelée dans le pays « la tour des Quarante Martyrs », « ce qui ferait croire, a dit Lamartine dans son *Voyage en Orient*, qu'elle a servi de refuge aux fidèles sans pouvoir les protéger. »

Une tradition locale rapporte que la Sainte Famille, lors de sa fuite en Egypte, s'est arrêtée quelque temps à Ramlèh.

En rentrant au couvent, nous y trouvâmes un nouveau compagnon de voyage, M. Boulard, jeune

Français fixé depuis peu à Jaffa et dont nous avions fait la connaissance, le matin même, chez M. Philibert. Quelques instants après notre départ, il s'était tout-à-coup décidé à nous suivre jusqu'à Jérusalem et, connaissant notre itinéraire, il venait nous rejoindre à Ramlèh.

Sorti récemment de l'école d'agriculture de Grignon, notre compatriote était chargé par une compagnie israélite formée à Paris et qui avait obtenu du gouvernement turc une vaste concession de terrains aux environs de Jaffa, d'y créer un établissement agricole, une sorte de ferme-modèle. Il s'ennuyait fort dans sa résidence où les ressources de société sont à peu près nulles. Aussi n'avait-il pas voulu perdre l'occasion, assez rare pour lui, de se retrouver pendant quelques jours avec des Français.

Nous soupâmes gaiement tous ensemble dans le réfectoire des Pères. Le repas se composait d'omelettes, de courges farcies, de grosses olives de Damas et de pain de maïs. Nous arrosâmes le tout avec un épais vin du pays des plus médiocres. En Palestine, comme en Syrie, le vin est mauvais. Cela tient probablement à la manière défectueuse dont on le fait, car la vigne y vient à merveille, et le raisin y est partout excellent. Depuis Noé, la fabrication là-bas n'aura sans doute pas fait de progrès.

En sortant de table, nous priâmes le bon religieux qui nous avait tenu compagnie depuis notre arrivée au couvent de vouloir bien nous conduire au logement qui nous était destiné. Le bâtiment réservé aux étrangers est complètement isolé du monastère proprement dit, bien que compris dans la même enceinte de murailles : car nous retrouvons encore ici une sorte de forteresse. C'est un vaste rez-de-chaussée très-élevé qui se compose de plusieurs grandes chambres à six et huit lits en fer. Souvent, en effet, à certaines époques de l'année, le couvent regorge de pèlerins et c'est à peine s'ils peuvent tous y trouver place.

En 1799, le général Bonaparte, se rendant à Saint-Jean-d'Acre pour en faire le siége, s'arrêta à Ramlèh et passa la nuit au monastère Latin. On y voit encore la chambre où coucha le grand capitaine.

Le lendemain, après avoir partagé le frugal dîner des RR. PP. Franciscains et après avoir laissé notre offrande au couvent en échange de l'hospitalité qui nous avait été si gracieusement donnée, nous nous remîmes en route pour Jérusalem.

A peine est-on sorti du village que l'on s'enfonce dans les premières montagnes de Judée. Le chemin qui, jusque-là, est large et carrossable, devient étroit, raviné, difficile. On y retrouvait pourtant encore les vestiges de récents travaux d'amélioration exécutés, quelques mois auparavant, en l'honneur de l'empereur d'Autriche qui, après avoir assisté à l'inauguration du canal de Suez vers la fin de 1869, s'était rendu à Jérusalem pour visiter les Lieux-Saints.

C'est en revenant de ce pèlerinage que François-Joseph ayant voulu reprendre la mer à Jaffa, où l'attendait l'escadre autrichienne commandée par le vainqueur de Lissa, l'amiral Tégéthoff, dut, pour embarquer, tant la houle était forte, se laisser mettre dans un sac et se faire hisser ainsi à bord du vaissean amiral. On usa ensuite du même procédé d'embarquement à l'égard de toutes les personnes de sa suite.

Plus nous avancions dans notre dernière étape, plus le paysage devenait aride et désert. Nulle trace de l'homme dans ces plaines incultes, dans ces vallons desséchés où l'œil attristé ne rencontre pas une fleur, pas un bouquet de verdure, et au-dessus desquels plane un silence de mort que ne trouble même pas le chant d'un oiseau.

Mon attente n'était pas trompée : c'était bien là ce que j'avais rêvé.

Le cœur me bat à la pensée que quelques kilomètres seulement me séparent encore de la Ville sainte. Je sens mon sang courir plus vite dans mes veines et l'impatience me gagner.

Tout-à-coup, entre deux montagnes, je vis se dresser devant moi les murailles crénelées de Jérusalem, ses coupoles ensoleillées et ses hauts minarets dont los blanches silhouettes se détachaient merveilleusement sur un ciel d'azur.

Descendant aussitôt de cheval, je m'agenouillai dans la poussière du chemin et je saluai respectueusement la cité qui garde le tombeau du Christ.

« Parvenus à ce passage, dit M. de Chateaubriand dans son *Itinéraire*, nous cheminâmes pendant une autre heure sur un plateau nu, semé de pierres roulantes.

» Tout-à-coup, à l'extrémité du plateau, j'aperçus une ligne de murs gothiques flanqués de tours carrées et derrière lesquels s'élevaient quelques pointes d'édifices. Au pied de ces murs paraissait un camp de cavalerie turque dans toute la pompe orientale. Le guide s'écria « El Qods », la Sainte, et il s'enfuit au grand galop.

» Je conçois maintenant ce que les historiens et les voyageurs rapportent de la surprise des Croisés et des pèlerins à la première vue de Jérusalem. Je puis assurer que quiconque a eu, comme moi, la patience de lire à peu près deux cents relations modernes de la Terre-Sainte, les compilations rabbiniques et les passages des anciens sur la Judée, ne connaît rien du tout encore. Je restai les yeux fixés sur Jérusalem, mesurant la hauteur de ses murs, recevant à la fois tous les souvenirs de l'histoire depuis Abraham jusqu'à Godefroy de Bouillon, pensant au monde entier changé par la mission du Fils de l'Homme et cherchant vainement ce temple dont il ne reste pas pierre sur pierre. Quand je vivrais mille ans, jamais je n'oublierais ce désert qui semble respirer encore la grandeur de Jéhovah et les épouvantements de la mort. »

Je me garderai bien de rien ajouter à cette

magnifique description qui rend d'une façon si saisissante et si grandiose les impressions du pèlerin chrétien à l'aspect de la Ville Sainte.

A 300 mètres en avant des portes, se trouve la Douane turque où le voyageur doit s'arrêter pour exhiber son passeport et faire visiter ses bagages. Ayant pu échapper à cette longue et ennuyeuse formalité grâce à nos prérogatives consulaires, nous passâmes outre sans obstacle et, en un temps de galop, nous atteignîmes la porte de Jaffa appelée aussi porte des Pèlerins, par laquelle nous entrâmes dans l'antique cité.

C'était le 14 avril, à quatre heures de l'après-midi.

Nous longeâmes tout d'abord le fossé large et profond d'où émerge, sombre et imposante, la Tour de David, haute et massive construction carrée qui sert de citadelle et au sommet de laquelle flotte l'étendard rouge orné du croissant. Que d'amères réflexions suggère ce drapeau musulman arboré sur l'ancienne forteresse des rois de Juda et des rois latins !

Le soubassement de cet énorme édifice est remarquable par les gros blocs de pierre qui le composent et dont la plupart ne mesurent pas moins de 1 mètre 50 de hauteur sur 3 ou 4 mètres de largeur. Cette base de la tour date évidemment de l'époque salomonienne. C'était sans doute sur ces assises que s'élevait jadis le palais de David et de ses successeurs.

La partie supérieure est beaucoup moins ancienne. On s'accorde généralement à en faire remonter la construction aux Rois latins qui auraient aussi établi là le siége de leur Gouvernement.

« La tour massive de David, dit M. de Saulcy, avec ses assises de blocs énormes en bossage, appartient indubitablement aux temps des rois de Juda, et très-probablement à Salomon ou à David, dont elle porte le nom de temps immémorial. On l'appelle aussi « Château des Pisans », à cause d'une tradition qui prétend que la partie supérieure aurait été bâtie par la république de Pise, alors que les chrétiens étaient maîtres de la Terre-Sainte (1). »

M. de Saulcy cite, à ce propos, le vieil auteur de la *Description de la Jérusalem des Croisades* : « La porte David estoit vers soleil couchant, et estoit à la droite des portes Obres (porte Dorée), qui estoient vers soleil levant, de derrière le temple Domini. Cele porte tenoit à la Tour David. Quand on estoit devant cette porte, si tournoit-on à main dextre, en une rue par devant la Tour David.... la grant rue qui aloit de la Tour David droit aux portes Dires, apeloit-on la rue David, jusqu'au Chainge, à main senestre. Devant la Tour David avoit une grande place où on vendoit le blé. » Tous ces détails, sans en excepter un seul, sont toujours à peu près exacts.

(1) Voyage en Syrie et autour de la Mer Morte.

» Medjr-ed-Dyn parle de la Tour de David à propos de la citadelle de Jérusalem. « On y voit, dit-il, une grande tour nommée Tour de David, et qui fut bâtie par Salomon.... Les Francs et les Grecs élevèrent quelques bâtiments dans la citadelle pendant qu'ils furent les maîtres de Jérusalem. » Ce château fut, sans aucun doute, la résidence des Rois latins de Jérusalem, et je n'en citerai qu'une preuve, c'est qu'il existe nombre de monnaies de ces monarques, et que toutes portent pour type la Tour de David. L'une d'elles, dont un exemplaire existe au cabinet des médailles de la Bibliothèque Impériale, ne porte pas d'autre légende que TVRRIS DAVID. Or, il ne viendra à personne l'idée qu'il ait pu être frappé, à la Tour de David, d'autres monnaies que des monnaies royales.

» En résumé, la base de la Tour Hippicus, dont Josèphe nous donne la description, n'est autre chose que la Tour actuelle de David, et tous les textes concourent à bien établir ce point topographique de la Jérusalem antique (1). »

Au pied de la Tour de David s'ouvrent de vastes souterrains dont il ne reste plus aujourd'hui que des vestiges, mais qui allaient autrefois aboutir au Temple et qui assuraient ainsi, en cas d'attaque de la ville ou d'émeutes parmi le peuple, ses communications avec le palais. Or, le Temple

(1) De Saulcy, même ouvrage.

étant alors une véritable forteresse pouvait, à un moment donné, devenir pour le Roi un lieu de refuge et de suprême défense.

Je ne pouvais détacher les yeux de ces vieilles murailles grises dont l'aspect évoquait en moi les souvenirs d'un autre âge. J'étais brusquement ramené à trois mille ans en arrière, aux temps de David et de Salomon, de la reine Athalie et de Joas, du grand-prêtre Joad et des Macchabées.

Le chant du muezzin, qui criait la prière du haut d'un minaret voisin, me tira de ma rêverie et de ma muette contemplation. Rendant les rênes à mon cheval je m'engageai, avec ma petite caravane, dans un dédale de ruelles étroites et sombres bordées, de chaque côté, par de misérables maisons bâties en argile ou en pierres sèches et qui ne prennent jour sur la rue que par de rares et petites fenêtres grillées. Ces maisons sont toutes surmontées de dômes blanchis à la chaux d'un effet étrange et monotone.

Après un quart d'heure de marche sur un pavé pointu et glissant, nous arrivâmes au consulat de France. Nous mîmes pied à terre devant une grande muraille grise qui masquait complètement la maison et dans l'épaisseur de laquelle était percée une petite porte basse et étroite qui s'ouvrait sur un escalier en pierre d'une trentaine de marches. Nous le gravîmes et nous nous trouvâmes dans une vaste et large cour dallée. Au fond s'élève l'habitation composée d'un simple rez-de-chaussée et qui est encore exhaussée d'un mètre 50 au-dessus du niveau de cette terrasse.

A droite et à gauche, on remarque quelques constructions basses qui sont les bâtiments de service comprenant le corps de garde des cawas et la prison du consulat.

Les trois ou quatre chambres que renfermait la maison s'ouvraient sur une galerie extérieure en bois d'environ trois pieds de largeur d'où l'on a une vue assez étendue sur le Mont des Oliviers.

Rien de triste comme cette demeure dont les murs intérieurs sont simplement blanchis à la chaux et qui n'a pour planchers que de l'argile battue et durcie. A Jérusalem, beaucoup de maisons sont bâties en pierres, mais elles y sont toutes, indistinctement, également nues et incommodes. Combien elles diffèrent de ces riches habitations de Beyrouth et de Damas où l'on trouve tant de confortable et souvent tant de luxe !

En l'absence du consul général, qui était retourné en congé en France depuis déjà quelques mois, le poste était géré par un de mes collègues, M. Sienkiewicz, précédemment attaché, en sa qualité d'élève-consul, au consulat général de France à Smyrne et que je n'avais pas revu depuis qu'il avait quitté Paris vers 1865.

Je trouvai chez lui l'accueil le plus amical et le plus empressé.

Son installation provisoire ne lui permettait pas

de me loger. Il me conseilla de descendre à la « Casa Nuova », succursale récemment bâtie du monastère Latin et qui sert d'hôtellerie.

Il y a bien, dans la ville, deux ou trois hôtels ; mais ils sont si mal tenus, paraît-il, que l'hospitalité des Franciscains est, à tous égards, de beaucoup préférable.

Je n'hésitai donc pas à suivre l'avis qui m'était donné et je me rendis au couvent. Il s'en fallut de peu que je n'y trouvasse plus un lit. Les fêtes de Pâques avaient attiré à Jérusalem une telle affluence de pèlerins venus de tous les points du globe, que la « Casa Nuova » était bondée de monde.

Le Père chargé de recevoir les étrangers me dit que, à son vif regret, toutes les chambres étaient occupées. Je lui déclinai mes nom et qualité. Il courut alors chez le Révérendissime de Terre-Sainte dont le monastère est proche, pour lui faire part de mon arrivée et de l'embarras dans lequel on se trouvait. Il revint bientôt m'annoncer que le supérieur général des Franciscains de Palestine avait donné l'ordre de mettre à la disposition du vice-consul de France la chambre réservée d'ordinaire pour les prélats et qui, par bonheur, se trouvait libre.

Elle était confortablement meublée, située au premier étage et avait vue sur le Mont des Oliviers. Mon domestique fut installé au rez-de-chaussée.

Mes deux compagnons de route, MM. Ceccaldi

et Boulard, m'avaient quitté à la porte du couvent : le premier logeait chez M. Ganneau, chancelier du consulat de France, et le second, chez des Anglais de sa connaissance établis à Jérusalem.

Lorsque j'eus pris possession de ma chambre et secoué la poussière de la route, je revins chez Sienkiewicz qui me présenta un jeune drogman très-aimable, M. Lacau, son commensal habituel, avec qui je devais me retrouver chaque jour à la table du consul.

Nous dînâmes gaiement tous les trois et la soirée s'écoula rapidement à parler de la France, de nos amis du ministère, à évoquer les mille souvenirs de notre long stage à l'hôtel du quai d'Orsay.

Aussi, était-il bien près de minuit, heure tout-à-fait indue à Jérusalem et surtout chez les bons Pères Latins, lorsque je songeai à regagner leur hôtellerie.

Je sortis du consulat précédé par un cawas qui portait une lanterne dont les quatre bougies allumées remplaçaient les réverbères absents. Tout était désert et silencieux dans la ville endormie. On n'entendait que le bruit cadencé de nos pas qui résonnaient sur le pavé. Mon œil curieux s'efforçait de percer les voiles de la nuit. Sous les rayons argentés de la lune cette vieille et calme cité, avec ses maisons basses qu'on pourrait prendre pour autant de sépulcres, m'apparaissait comme une vaste nécropole. De temps à autre, nous traversions de longs bazars couverts à la voûte desquels se balançaient çà et là tristement de rares quinquets à la lueur fumeuse. Nous atteignîmes enfin la « Casa Nuova » où, vu l'heure avancée, il fallut parlementer encore assez longuement avec un frère à moitié endormi avant de parvenir à me faire reconnaître et à nous faire ouvrir.

Le lendemain matin, ma première visite fut, comme on le pense bien, pour le Saint-Sépulcre. Voulant remercier au plus tôt le Révérendissime de sa bienveillance à mon égard, je passai par le couvent de Saint-Sauveur où il réside et qui communique à la basilique du Saint-Sépulcre par un passage souterrain. De cette façon, les Pères de la communauté latine ont la facilité de pénétrer constamment dans le sanctuaire, ce que ne peuvent faire, même de jour, les fidèles obligés d'attendre les heures fixées par les Turcs pour l'ouverture de la seule porte extérieure qui donne accès à l'église et qui est rigoureusement fermée à certains moments de la journée, notamment pendant les exercices religieux. Ceci demande une explication que l'on trouvera un peu plus loin, lorsque nous en serons venus à la description du Saint-Sépulcre.

En arrivant au monastère des Franciscains, je fus introduit dans la salle de la Bibliothèque servant aussi de parloir par un vieux frère portier à barbe grise, qui me pria d'y attendre le Révérendissime. Cette pièce haute et longue, éclairée par trois grandes fenêtres, est entourée de nombreux et poussiéreux rayons en bois de cèdre superposés le long des murailles blanchies à la chaux, et qui plient sous le poids de volumineux ouvrages hébreux, grecs et latins, entassés et oubliés là depuis des siècles.

Une table recouverte d'un tapis de drap vert occupe presque toute la longueur de la salle et forme, avec quelques fauteuils de paille et deux rangées d'assez médiocres peintures à l'huile, le piètre ameublement de cette froide pièce de réception. Parmi ces portraits, figurent celui de Sa Sainteté Pie IX, ceux de l'empereur et de l'impératrice d'Autriche, de la reine et du roi d'Espagne et de plusieurs infants.

Je fus étonné de ne pas voir dans cette galerie des bienfaiteurs du couvent le portrait d'un seul de nos souverains : la France, pourtant, n'a jamais cessé de contribuer, en toute circonstance et de toutes les façons, à sa prospérité.

Après quelques minutes d'attente, la porte s'ouvrit et donna passage à un grand vieillard, à l'air austère, à l'œil vif et intelligent dont la longue barbe blanche encadrait merveilleusement le visage et lui donnait je ne sais quel air de patriarche. C'était le supérieur général des Franciscains de Terre-Sainte.

A le voir sous cette robe de bure nouée à la taille par le cordon blanc de Saint-François et sur laquelle descendait, pendu à la ceinture, un lourd chapelet à gros grains d'olive, on eût dit un moine de Murillo descendu de son cadre.

Son accueil fut plein de cordialité. Nous causâmes longuement des intérêts catholiques en Palestine, de la situation faite aux Latins par la mauvaise foi des Grecs et de l'antagonisme déplorable qui existe entre les différentes communions chrétiennes de ce pays.

Après m'avoir offert, suivant l'usage, la limonade et le café, il me proposa de me faire visiter son monastère, ce que j'acceptai avec empressement. Le couvent date du XVIe siècle : c'est une très-vaste construction dépourvue de tout style et fort décousue. L'église, conçue dans de belles proportions, est peu décorée. On y voit quelques vieux tableaux religieux sans grande valeur artistique et des peintures murales à demi-effacées. Un hôpital, composé de douze lits et entretenu, en grande partie, par les libéralités de la France, dont on retrouve partout et toujours l'action bienfaisante et civilisatrice, est adjoint à Saint-Sauveur. Il est desservi par les Franciscains eux-mêmes, qui s'acquittent avec le plus grand zèle de cette charitable mission.

Des terrasses du couvent, où nous montâmes, on découvre toute la ville et ses environs. C'est un excellent observatoire pour en étudier la topographie.

Jérusalem est bâtie sur une hauteur et entourée de ravins profonds. Elle est située dans la partie sud de la Palestine, entre la Méditerranée et la Mer-Morte, par 31°46 latitude Nord et 33°38 longitude Est. Outre les collines peu élevées comprises dans ses murs et qui sont les monts Moriah et Sion, on compte encore, en dehors de l'enceinte, trois principales montagnes qui la dominent et qui sont : à l'Est, le Mont des Oliviers, au Nord, le Mont Scopus et au Sud, la Montagne dite de l'Offense ou du Scandale, ainsi nommée en mémoire des autels élevés en ce lieu par le roi Salomon aux idoles et aux faux dieux.

Le Mont des Oliviers, le plus élevé des trois, a 793 mètres au-dessus du niveau de la mer. Il est séparé de la ville par la célèbre vallée de Josaphat où le torrent, aujourd'hui desséché, du Cédron, a creusé son lit.

En quittant le monastère latin, je me rendis à l'église du Saint-Sépulcre où il me tardait de pénétrer. Le Révérendissime n'avait pas voulu me laisser partir sans me donner un guide expérimenté, bien connu et très-apprécié de tous ceux qui ont fait le pèlerinage de Terre-Sainte. J'ai nommé l'excellent frère Liévin, de nationalité belge, et qui est attaché depuis bientôt trente ans au couvent du Saint-Sauveur. Très-versé dans la connaissance des Lieux-Saints et de tout ce qui s'y rapporte, ce modeste religieux, dont le savoir égale l'humilité et dont la complaisance est inépuisable, met, avec la meilleure grâce du monde, au service des voyageurs, sa profonde érudition et sa grande expérience des hommes et des choses de Palestine.

C'est en compagnie de cet intéressant cicérone que je m'engageai dans la ruelle étroite et sombre qui, du monastère franciscain, mène à l'église de la Résurrection. Elle débouche sur un parvis d'environ vingt mètres carrés à l'extrémité duquel se dresse la Basilique. A l'entrée de ce parvis s'élevait jadis un portique imposant dont quelques chapiteaux encore debout attestent la beauté et la grandeur. A droite, un immense portail en pierre curieusement sculpté et demeuré presque intact indique l'entrée de l'ancien palais des Hospitaliers de Terre-Sainte. Il n'en reste plus aujourd'hui que des ruines informes occupées par des espèces de faquirs arabes à moitié barbares, voués à je ne sais trop quel culte et qui mènent là une existence aussi étrange qu'inutile. Le grossier fanatisme dont ils sont imbus les rend peu sociables, surtout à l'endroit des Européens qu'ils détestent. Peu s'en fallut qu'ils ne se refusassent à nous laisser pénétrer dans leur couvent. Nous n'y aurions guère perdu, du reste, car ces murs délabrés n'ont gardé que de bien rares et de bien pauvres vestiges de cette antique résidence des chevaliers de Saint-Jean, dont certains écrivains du moyen-âge ont laissé de si pompeuses descriptions.

Sur le parvis du temple se tient un véritable bazar où sont étalés pêle-mêle mille objets divers, tels que croix et chapelets en bois d'olivier, bijoux orientaux en filigrane d'or et d'argent, étoffes en laine et en soie aux nuances éclatantes, etc., etc. A peine y a-t-on mis le pied qu'on est entouré par une nuée de marchands avides dont on a toutes les peines du monde à se dégager. Je dus, à plusieurs reprises, lever ma canne pour me faire livrer passage. Ce langage muet, mais significatif, très-répandu en Turquie, y commande toujours le respect. Rien n'assouplit, en effet, les Orientaux comme le bâton.

Presque à l'entrée du Saint-Sépulcre, s'élève une petite mosquée en marbre blanc aujourd'hui abandonnée et que précède un joli escalier à rampe découpée et artistement travaillée. Elle est flanquée d'une sorte de chaire extérieure en marbre de même couleur qui est également très-bien fouillée. C'est là, dit-on, que serait venu prier, vers l'an 634 de notre ère, le calife Omar après s'être rendu maître de Jérusalem, évitant ainsi d'entrer dans le sanctuaire chrétien, ce qui, d'après les vieilles coutumes musulmanes, eût infailliblement entraîné la conversion de la Basilique en mosquée.

Une seule porte sans péristyle donne accès à l'église du Saint-Sépulcre. A peine en a-t-on franchi le seuil, on se trouve sous un vaste porche où se tiennent assis, les jambes repliées sous eux à la façon orientale, sur une large banquette de pierre adossée à la muraille, cinq ou six musulmans revêtus de vestes bleues brodées d'argent et coiffés du turban. Ce sont les portiers du Saint-Sépulcre.

Ils fument le narghilé, causent et rient entre eux comme ils pourraient le faire sur une place publique, sans paraître se soucier le moins du monde ni de la sainteté du lieu, ni des allants et venants. Leur unique service consiste à ouvrir et à fermer la porte d'après le règlement fixé par l'autorité locale.

Cette intrusion officielle des Turcs dans le temple chrétien, à laquelle j'étais loin de m'attendre, me causa autant d'étonnement que de regret. Comme Catholique et comme Français, je me sentais froissé et humilié. J'appris alors que le Sultan se regardait toujours comme le nu-propriétaire des Lieux-Saints dont il concède seulement la jouissance aux différentes Communautés de Jérusalem. Les porte-clefs musulmans sont donc là pour affirmer un droit de propriété dont le Grand-Seigneur n'a jamais entendu se départir tout-à-fait.

D'après la tradition la plus accréditée, ce fût sainte Hélène, mère de Constantin-le-Grand, qui, la première, eut la pieuse idée d'honorer avec plus de solennité les Lieux-Saints en les renfermant dans une immense basilique.

Bâtie au IVe siècle de l'ère chrétienne, l'église de la Résurrection ou du Saint-Sépulcre tombait en ruines lorsque les Croisés s'emparèrent de Jérusalem en 1099. Presque entièrement reconstruite sous les rois Latins, elle devint, en 1808, la proie des flammes qui n'épargnèrent que la façade datant du XIIe siècle et qui a été conservée. La Basilique actuelle, élevée sur les ruines de l'autre peu de temps après cet incendie, est donc moderne.

« Les réparations lourdes et inintelligentes des Grecs, dit M. Joanne, dans son *Itinéraire en Orient*, ont achevé sur plusieurs points l'œuvre destructive des flammes et plusieurs morceaux intéressants de l'art bysantin ou gothique ont disparu sous la truelle des fils dégénérés de Constantin-le-Grand. »

C'est à l'époque des premiers travaux entrepris pour la construction de l'ancienne église que l'on découvrit le bois de la vraie croix qui fut, plus tard, envoyé à Rome.

En entrant dans le temple chrétien, on ne se rend pas bien compte tout d'abord des proportions gigantesques de l'édifice. On se trouve dans une longue galerie circulaire, assez sombre, qui entoure la grande nef et où l'on rencontre bientôt, à fleur de terre, la pierre dite de l'Onction. Cette pierre, de forme rectangulaire, et que recouvre un entablement de marbre rouge mesurant deux mètres de longueur sur 0^{m},50^{c} de largeur, est celle qui reçut le corps de Notre-Seigneur après le crucifiement. C'est là qu'il reposa et que les saintes Femmes le couvrirent de parfums et d'aromates avant de le déposer dans le tombeau

A côté, sur un socle de marbre gris est fixée une autre pierre affectant la forme d'un disque et qui indique la place où se tenait la sainte Vierge pendant l'embaumement du corps de son divin Fils.

De cette galerie, nous passâmes dans la grande retonde du milieu qui ne mesure pas moins de vingt mètres de diamètre et au centre de laquelle s'élève la chapelle sépulcrale qui renferme le tombeau de Notre-Seigneur. Cette vaste nef est entourée par dix-huit piliers monolithes qui supportent une galerie supérieure composée de dix-huit arcades et au-dessus de laquelle s'élève une seconde galerie réservée exclusivement aux Grecs dont elle est, d'ailleurs, la propriété. Le dôme est remarquable par son élévation et par les ornements qui en décorent les parois intérieures. Il a été complètement refait vers 1866. Cette restauration, dont la nécessité et l'urgence étaient reconnues depuis déjà longtemps, avait dû être indéfiniment retardée à cause du défaut d'entente qui s'était produit entre les divers gouvernements intéressés à la question. En 1863, sur l'initiative de la France, les pourparlers furent repris et, cette fois, les négociations aboutirent. Les puissances admises à la Conférence tenue à cet effet étaient la France, la Russie, l'Autriche et la Turquie. Il fut convenu que chaque Etat signataire supporterait une part égale de frais dans la dépense générale à effectuer et qui s'est montée à plus d'un million. Les peintures dues aux pinceaux d'habiles artistes français et italiens sont admirables. Les travaux furent conduits par des architectes français et russes.

J'ai entendu critiquer cette convention, notamment en ce qui concerne l'admission du gouvernement ottoman à la Conférence. C'était par là même, disait-on, reconnaître au moins implicitement au Sultan un droit de co-propriété sur les Lieux-Saints et lui permettre ainsi de maintenir, pour l'avenir, des prérogatives et des prétentions contre lesquelles nous ne devrions jamais cesser de nous élever.

Comme j'ai déjà eu occasion de le mentionner plus haut, c'est au milieu de la grande nef que se trouve dans un petit monument isolé, le sanctuaire du Saint Sépulcre. Il est orné d'une maigre colonnade en marbre et surmonté d'une immense couronne en bois sculpté qui a environ trente pieds d'élévation et huit mètres de longueur sur cinq mètres cinquante centimètres de largeur. Le tout est disgracieux et sans goût. C'est une fâcheuse imitation d'un mauvais style grec.

Une seule porte, basse et étroite, y donne entrée.

L'intérieur est divisé en deux petites chapelles à peu près d'égale dimension.

Dans la première, qu'éclairent à peine deux lucarnes rondes percées dans la muraille de chaque côté de la porte, est précieusement conservée la pierre sur laquelle s'est reposé le messager céleste chargé d'annoncer aux saintes Femmes la résurrection du Sauveur. C'est une pierre carrée d'un pied environ en tout sens. Elle est placée sur un pilier de marbre vert qui mesure environ un mètre trente centimètres de hauteur.

Cette chapelle, dite de l'Ange, communique à la seconde par une ouverture si étroite et si basse que deux personnes ne peuvent y entrer de front et qu'il faut se courber pour la franchir. Cette ouverture est masquée par une épaisse portière de velours brodé d'or que l'on soulève pour entrer.

A droite se trouve le tombeau qui mesure un mètre de hauteur. Il est creusé dans le roc et recouvert d'un entablement de marbre blanc. On a dû prendre cette précaution pour le soustraire à la piété indiscrète des pèlerins qui en détachaient continuellement des fragments. Il a sept pieds de long sur deux et demi de large.

La chambre sépulcrale n'a guère plus de six pieds carrés. Elle est entièrement tapissée de riches tentures en velours cramoisi à crépines d'or. Un grand nombre de bougies, de cierges et de lampes d'or et d'argent qui brûlent jour et nuit y répandent une lumière éclatante. Au-dessus du Sépulcre, est un tableau très-ancien où Jésus est représenté sortant glorieux du tombeau. Vis-à-vis, s'élève un autel en marbre blanc, chargé de fleurs, de candélabres et de vases précieux, au pied duquel se succèdent à tour de rôle, sans interruption, les religieux des diverses Communautés chrétiennes de Jérusalem. De cette façon, le sanctuaire n'est jamais abandonné.

Quels souvenirs, quels enseignements, quelles sublimes espérances évoque l'aspect de ce tombeau vénéré qui a gardé, trois jours durant, le divin corps du Rédempteur ! Je suis venu bien des fois, m'y agenouiller pendant les jours trop courts que j'ai passés dans la Ville Sainte, et je n'étonnerai personne en disant que j'ai ressenti là une des plus profondes émotions de ma vie. On sort de ce saint lieu meilleur et fortifié.

Du Saint Sépulcre, nous nous rendîmes au Calvaire qui est situé en dehors de la grande nef, dans un des bas-côtés de la basilique. On y monte par un escalier en pierre de vingt marches environ qui aboutit à une plate-forme de quinze mètres carrés. Cette plate-forme, dont l'élévation est de vingt pieds au-dessus du niveau du sol de l'église, repose sur un banc de rochers sillonnés depuis le haut jusqu'au bas par une large fente très-apparente et qui se produisit au moment même de la mort du Christ. La tradition rapporte, en effet, que les flancs du rocher se déchirèrent et qu'il s'ouvrit lui-même dans toute sa longueur jusqu'au centre de la terre.

Deux chapelles, séparées l'une de l'autre par un grillage en fil de fer, se partagent aujourd'hui l'emplacement du Golgotha.

La première, appartenant aux Grecs, comprend la partie où fut plantée la Croix sur laquelle expira Jésus. On y voit encore, creusé dans le roc et recouvert d'un léger treillis de plomb, le trou béant où fut dressé l'instrument du supplice. La Sainte-Croix était faite de bois de chêne-vert et mesurait quinze pieds de hauteur.

La seconde est la propriété des Latins. C'est là que le bon Larron fut mis en croix.

Ces deux sanctuaires sont plongés dans une demi-obscurité qui s'harmonise d'ailleurs parfaitement avec les dispositions d'esprit dans lesquelles on se trouve en les abordant. Voilà bien la teinte qui convient au Golgotha, sombre rocher où est à jamais inscrit en caractères de sang divin le sacrifice de l'Homme-Dieu !

En descendant du Calvaire, nous visitâmes toutes les parties de cette immense basilique qui garde encore au pèlerin tant de surprises intéressantes et de souvenirs précieux jusque dans ses nombreuses grottes et dans ses cryptes profondes. Dans l'une d'elles se trouvaient autrefois les tombeaux de Godefroy de Bouillon et de son frère Baudoin. Ces deux sarcophages furent détruits, lors de l'incendie de 1808, non par les flammes, comme on pourrait le supposer, mais bien, assure-t-on, par des grecs fanatiques. Un peu plus loin, est le tombeau de Lazare.

Les principaux sanctuaires renfermés dans l'église de la Résurrection sont : la chapelle Grecque, dont les belles proportions et la profusion des ornements méritent de fixer l'attention ; la chapelle Latine, moins vaste et moins décorée que la précédente, mais dont le style témoigne d'un goût plus pur et plus sûr; enfin, la modeste chapelle des Cophtes, secte chrétienne dissidente de l'Eglise Romaine. Cette chapelle qui est adossée au Saint-Sépulcre est toute petite et sans aucun ornement. Des cierges et des lampes y brûlent constamment. Tous ces sanctuaires sont fermés par des grilles en fer. Vis-à-vis le Saint-Sépulcre est une petite pierre de marbre ronde et creusée de quatre doigts, que les Orientaux tiennent être le milieu de la terre, se fondant sur ces paroles du prophète royal : « *Deus autem Rex noster operatus est salutem in medio terræ :* Dieu a opéré notre salut au milieu de la terre. »

Le trésor du Saint-Sépulcre est, paraît-il, d'une richesse inouïe. Les princes de maison souveraine seuls sont admis à le visiter.

J'ai pu voir seulement, grâce à la bienveillance des Franciscains qui les gardent pieusement dans leur trésor particulier, un tronçon de la colonne de la Flagellation en marbre vert et l'armure de Godefroy de Bouillon.

Nous sortîmes de la basilique par un couloir souterrain qui aboutit à l'une des cours du couvent Latin. Là, je pris congé du frère Liévin et je quittai le monastère pour parcourir la ville.

Jérusalem est divisée en quatre quartiers qui sont : au nord-ouest , le quartier Chrétien où s'élèvent les couvents Latin, Grec, Cophte, l'église du Saint-Sépulcre, le Consulat de France; au sud-ouest, le quartier Arménien qui renferme le Patriarcat Latin , le couvent Arménien et le Lieu où les Juifs vont pleurer le vendredi de chaque semaine; au nord-est, le quartier Musulman où se trouvent le Seraï ou palais du Gouverneur, le Haram, nom donné à l'emplacement qu'occupait jadis l'ancien Temple, les mosquées d'Omar et d'El-Aksa et l'église Sainte-Anne, qui appartient aujourd'hui à la France ; enfin au sud-est, le quartier Juif qui s'étage sur le penchant du Mont Sion et qui comprend aussi la Léproserie.

La population de la ville entière peut être évaluée à 20,000 âmes, sur lesquelles on compte 6,000 juifs et 4,000 chrétiens. Le reste est musulman. A l'époque des fêtes de Pâques et de Noël, on peut, sans aucune exagération, estimer à 30,000 le nombre de pèlerins qui se succèdent, pendant un mois, dans la Ville-Sainte.

Jérusalem est entourée d'une longue ceinture de murailles grises, flanquées de tours, qui remontent au XVIe siècle. Ces fortifications, élevées par le sultan Soliman, vers 1534, sont fort délabrées et ne résisteraient pas longtemps à une batterie de nos canons actuels.

La ville a sept portes. Deux d'entre elles, la porte Dorée et la porte de Damas, méritent une mention particulière.

La première, qui doit son nom à la richesse et à la profusion des ornements qui la décorent, existait du temps de Notre-Seigneur; c'est celle par laquelle Jésus, venant de Béthanie, petit village à demi enfoui sous l'un des versants du

Mont des Oliviers, est entré dans la cité de David le jour des Rameaux. Elle est murée. D'après une vieille légende musulmane, c'est par cette porte que la ville doit être un jour reconquise par les chrétiens. Voilà pourquoi, sans doute, les Turcs l'auront condamnée. Elle donne, d'un côté, sur le parvis de l'ancien temple et, de l'autre, sur la vallée de Josaphat.

La porte de Damas, située dans la partie nord de l'enceinte, est un magnifique morceau d'architecture gothique. L'ogive qui en décore l'entrée est remarquablement belle. C'est bien là le caractère de l'architecture moresque telle qu'on la retrouve à Grenade et à Cordoue.

Non loin de là a campé Godefroy de Bouillon lorsqu'il vint, en 1099, à la tête des Croisés, mettre le siége devant Jérusalem. C'est par ce côté qu'il attaqua la ville et qu'il s'en rendit maître.

La topographie moderne de Jérusalem ne rappelle en rien celle de l'ancienne « Salem » de Melchisédech, ni même des temps postérieurs. L'antique cité, en effet, a subi de telles transformations à la suite des siéges nombreux et des guerres prolongées dont elle a été le théâtre, elle a éprouvé des fortunes si diverses que ses enceintes ont dû nécessairement se déplacer et varier bien des fois.

Pour n'en citer qu'un exemple emprunté au temps de Notre-Seigneur, le Golgotha et le saint

Sépulcre qui, sous la domination romaine, étaient situés hors des murs, sont aujourd'hui renfermés dans l'enceinte et se trouvent à peu près au centre de la ville.

Cette question des diverses enceintes de Jérusalem a passionné, à juste titre, tous les archéologues et les savants qui s'en sont occupés. Elle a soulevé parmi eux les plus vives et les plus intéressantes controverses. Au point de vue historique elle offre, en effet, le plus haut intérêt. N'ayant aucun élément nouveau à apporter dans le débat, je ne puis ici que renvoyer le lecteur aux travaux si remarquables sur la matière de MM. de Chateaubriand, de Vogüé et de Saulcy. On consultera aussi utilement les ouvrages suivants : *Itinéraires de la Terre-Sainte,* traduits de l'hébreu et accompagnés de tables, cartes, etc., par Carmoly; *Itinéraires à l'usage des voyageurs,* par Richard, Murray, Quétin; *Dissertation sur l'étendue de l'ancienne Jérusalem et de son Temple,* par d'Auville; *Voyage de Terre-Sainte,* par Doubdan, en 1666.

J'avais pris à travers les bazars qui me parurent beaucoup moins pittoresques et beaucoup moins bien approvisionnés que ceux de Damas et de Beyrouth. Ils sont presque tous etablis sous de longues galeries voûtées où se presse la foule des acheteurs. Leurs cris mêlés à ceux des marchands, assourdissent à la lettre les passants ahuris.

En dehors de ces centres d'animation, la ville est lugubre. On pourrait se croire dans une cité abandonnée et morte, squelette d'un grand peuple soudainement anéanti. Le sang du Christ pèse encore de tout son poids sur ce coin de terre où il a coulé et qui est comme marqué du sceau ineffaçable de la réprobation divine. Le sol, jadis fertile, est devenu aride et improductif. Les ronces et les pierres ont remplacé les riantes moissons et les vertes forêts dont parlent les Livres saints. De quelque côté et aussi loin que porte le regard, l'œil attristé ne rencontre qu'une campagne nue et désolée où se détachent, de loin en loin, sur le bleu du ciel, des sombres bouquets de maigres oliviers.

Telle est aujourd'hui la veuve de Sion qui n'a que trop justifié la douloureuse divination de ses prophètes. Voilà bien la cité morne et déchue sur laquelle s'est appesanti le bras du Seigneur !...

Les environs de Jérusalem sont à peine cultivés. Les fruits du pays sont la banane, la figue, l'olive et le raisin. L'industrie locale est à peu près nulle : aussi faut-il faire venir du dehors presque toutes les choses nécessaires à la vie.

Le climat est inégal et peu salubre. Il règne fréquemment en ville et aux alentours des fièvres que l'on attribue, en partie, à la mauvaise qualité des eaux recueillies et conservées dans des citernes très mal entretenues. Les maladies d'yeux y sont également très répandues. L'hiver est froid et se passe rarement sans neige. Les étés sont brûlants.

« L'aspect général de Jérusalem, a écrit M. de » Lamartine dans son *Voyage en Orient,* peut se » peindre en peu de mots : montagnes sans ombre, » vallées sans eau, terre sans verdure, rochers » sans torrents et sans grandiose ; quelques blocs » de terre grise perçant la terre friable et cre- » vassée ; de temps en temps un figuier auprès, » une gazelle ou un chakal se glissant furtivement » entre les brisures de la roche ; quelques plants » de vigne rampant sur la cendre grise ou rougeâ- » tre du sol ; de loin en loin, un bouquet de pâles » oliviers jetant une petite tâche d'ombre sur les » flancs escarpés d'une colline ; à l'horizon un » térébinthe ou un noir caroubier se détachant » triste et seul du bleu du ciel ; les murs et les » tours grises des fortifications de la ville appa- » raissant de loin en loin sur la crète de Sion : » voilà la terre.

» Un ciel élevé, pur, net, profond, où jamais le » moindre nuage ne flotte et ne se colore de la » pourpre du soir et du matin.

» Du côté de l'Arabie, un large gouffre descen- » dant entre les montagnes noires et conduisant » les regards jusqu'aux flots éblouissants de la » mer Morte et, à l'horizon violet, les cimes des » montagnes de Moab. Pas un souffle de vent » murmurant dans les créneaux on entre les bran- » ches sèches des oliviers ; pas un oiseau chantant, » ni un grillon criant dans le sillon sans herbe ; » un silence complet, éternel, dans la ville, sur

» les chemins, dans la campagne. Telle était Jérusalem pendant tous les jours que nous passâmes » sous ses murailles. Je n'y ai entendu que le hennissement de mes chevaux qui s'impatientaient » au soleil autour de notre camp et qui creusaient » du pied la poussière ; et, d'heure en heure, le » chant mélancolique du muezzin, criant l'heure » du haut des minârets, ou les lamentations » cadencées des pleureurs turcs, accompagnant en » longues files les pestiférés aux différents cimetières qui entourent les murs. Jérusalem, où » l'on vient visiter un sépulcre, est bien elle-même » le tombeau d'un peuple ; mais tombeau sans » cyprès, sans inscription, sans monuments, dont » on a brisé la pierre et dont les cendres semblent » recouvrir la terre qui l'entoure, de deuil, de » silence et de stérilité. Nous y jetâmes plusieurs » fois nos regards en la quittant, du haut de » chaque colline d'où nous pouvions l'apercevoir » encore ; et, enfin, nous vîmes pour la dernière » fois la couronne d'oliviers qui domine la montagne de ce nom et qui surnage longtemps dans » l'horizon, après que l'on a perdu la ville de l'œil, » s'abaisser elle-même dans le ciel et disparaître » comme ces couronnes de fleurs pâles que l'on » jette dans un sépulcre. »

C'est toujours guidé par le respectable frère Liévin que je fis, le Vendredi-Saint, le Chemin de Croix. La caravane française, arrivée depuis la veille à Jérusalem, avait demandé à se joindre à nous. Nous nous donnâmes tous rendez-vous pour midi au pied du Mont des Oliviers où chacun se rendit de son côté. Lorsque nous fûmes réunis, le frère Liévin se mit à notre tête et nous conduisit en premier lieu au jardin de Gethsémani situé le long de la vallée de Josaphat, sur le bord même de la route qui mène à Jéricho.

Ce jardin est entouré de murs élevés et blanchis au lait de chaux, qui en dérobent complètement la vue au passant. Un grand portail, toujours fermé, dans lequel est pratiquée une porte bâtarde en indique l'entrée. C'est là que nous allâmes frapper. Un guichet s'ouvrit, derrière lequel nous vîmes apparaître la tête encapuchonnée d'un vieux moine franciscain qui, sur notre demande, s'empressa d'ouvrir. Au lieu de l'endroit aride et rocailleux que je m'étais toujours plu à me représenter, quel ne fut pas mon désappointement de me trouver dans une sorte d'oasis fleurie, sablée et parfumée, ne rappelant en rien le lieu abandonné et désert où le divin Maître aimait à se retirer.

Cet enclos, dont l'étendue est d'une trentaine d'ares environ, est divisé en quatre grands parterres semés de fleurs et entourés de palissades en bois à hauteur d'homme. Telle est la transformation maladroite qu'ont fait subir à ce lieu saint un zèle indiscret et une piété irréfléchie. On se sent là, un moment, comme dépaysé et il ne fallut rien moins que l'intervention du frère Liévin me montrant le rocher sur lequel s'endormirent les apôtres, l'endroit où Judas trahit Jésus par un baiser et les vieux oliviers rabougris dont la tradition fait remonter les années jusqu'au temps de Notre-Seigneur, pour me rappeler à la réalité des choses et pour me faire revenir de ma déception première. C'est dans ce jardin que le Rédempteur passa en prières la nuit qui précéda son arrestation.

L'emplacement de Gethsémani est parfaitement authentique. Tous les témoignages s'accordent à cet égard. Les Latins en sont propriétaires.

De là, nous nous dirigeâmes vers la grotte de l'Agonie située de l'autre côté de la route. C'est là que le Sauveur se retira quelque temps durant cette longue nuit d'angoisses où il but le calice jusqu'à la lie. Cette grotte appartient aux Grecs.

« Le pieux vandalisme qui a défiguré les autres sanctuaires, écrit M. de Vogüé dans son ouvrage sur les Eglises de Terre-Sainte, a respecté celui-là et lui a laissé sa nudité et sa physionomie originelle. »

Après l'avoir pieusement visité, nous traversâmes la vallée de Josaphat pour gagner la ville et l'ancien palais de Pilate où fut tout d'abord conduit Jésus.

Cette fameuse vallée, célèbre dans le monde entier, est resserrée entre le Mont des Oliviers et les murailles de Jérusalem. Longue, étroite, tourmentée, sans ombre et sans verdure, elle n'offre au regard attristé qu'un aspect lugubre et désolé. Ses flancs arides ne sont recouverts que de sépulcres isolés ou de cimetières turcs. Là, se trouvent les tombeaux d'Absalon et du roi Josaphat, les sépultures des juges et des rois de Juda, des patriarches et des prophètes. C'est une vaste nécropole.

Au fond du ravin, se trouve le lit desséché du Cédron, lit de cailloux blancs et polis roulés jadis par les eaux du torrent et entassés là depuis des siècles.

Un petit pont de pierre soutenu par trois arches lézardées relie les deux bords du vallon.

En remontant le sentier pierreux qui mène à Jérusalem, je songeais à la scène du jugement dernier, que l'on s'accorde à placer en cet endroit, et cette pensée ajoutait encore à l'intérêt du tableau.

« Vallée célèbre, s'écrie Lamartine dans son *Voyage en Orient,* qui a déjà vu sur ses bords la plus grande scène du drame évangélique, les larmes, les gémissements et la mort du Christ ! Vallée où tous les prophètes ont passé tour à tour en jetant un cri de tristesse et d'horreur qui semble y retentir encore ! Vallée qui doit entendre une fois le grand bruit du torrent des âmes roulant devant Dieu et se présentant d'elles-mêmes à leur fatal jugement ! »

Continuant de suivre pas à pas les traces de

Notre-Seigneur, nous entrâmes dans Jérusalem par la porte Orientale, près de laquelle saint Etienne fut lapidé et qui porte aussi son nom. Nous suivîmes la rue Saint-Etienne qui aboutit à la tour Antonia, antique débris de la résidence des gouverneurs romains. On en a fait une caserne où est logée la garnison turque. Lorsque nous y arrivâmes, les soldats faisaient l'exercice dans la cour d'honneur. Le frère Liévin se détacha de notre groupe et demanda à l'officier la permission de visiter les ruines, ce qui lui fut aussitôt accordé. Il nous mena alors à un petit édifice carré qui passe pour avoir été le prétoire de Ponce-Pilate et nous vîmes tout à côté le lieu où se tenait Pierre quand, par trois fois, il renia son divin Maître.

Nous nous rendîmes ensuite à la chapelle de la Flagellation située presque en face. C'est là que Notre-Seigneur fut battu de verges, couronné d'épines et abreuvé des plus cruelles humiliations. « Le sanctuaire en lui-même n'offre rien de remarquable : c'est, dit M. de Vogüé, un édifice roman que les restaurations modernes ont rendu méconnaissable. »

En sortant de la chapelle, nous nous engageâmes dans la rue de Sion au milieu de laquelle s'élève l'arc de l'Ecce-Homo. C'est avant d'y arriver que Jésus, pliant sous le poids de ses souffrances et de sa lourde croix, fit sa première chute.

« L'arcade de l'Ecce-Homo est une porte au-dessous de laquelle passe la voie publique. Cette porte est surmontée de deux petites fenêtres carrées de construction récente et devait se rattacher au mur dit du palais de Pilate, palais qui, au point où s'en voient les restes, se trouvait évidemment en contact avec la forteresse Antonia (1). »

Nous passâmes sous cette porte Douloureuse, comme l'ont si justement appelée les Croisés, au seuil de laquelle se tenait le Sauveur lorsque Pilate, le désignant à la foule ameutée, s'écriait : « *Ecce homo*, voilà l'homme, choisissez entre Barrabbas et Lui ! »

« C'est un grand arc ogival dont la partie supérieure, avec la petite construction qui le domine, est moderne, mais dont les pieds-droits et le commencement de l'archivolte sont romains. En faisant des recherches dans le couvent des Filles de Sion qui l'avoisine au sud, on a trouvé un second arc romain plus petit qui continuait le premier. Il est probable qu'il en existe un autre semblable de l'autre côté du grand et que l'ensemble formait une porte romaine. » (De Vogüé.)

Un peu plus loin, nous vîmes l'endroit où la Sainte Vierge rencontra Jésus et s'évanouit de douleur.

A mesure que nous avancions dans le chemin de Croix, une émotion croissante nous étreignait et nous serrait le cœur.

(1) De Saulcy.

Ici, le Sauveur tombe pour la seconde fois : il est relevé par Simon le Cyrénéen qui porte sa croix ; là, sainte Véronique a essuyé la Face auguste de l'Homme-Dieu. Un peu plus loin, un fût de colonne brisée indique la place où Notre-Seigneur est tombé pour la troisième fois. Voici la maison du Juif maudit dont l'histoire est devenue une véritable légende. Puis, nous arrivons sur le lieu où le divin Maître s'arrêta un moment pour consoler les femmes pieuses de Jérusalem qui s'étaient portées à sa rencontre.

Enfin, nous entrons dans l'église du Saint-Sépulcre où nous fîmes nos deux dernières stations au pied du Golgotha et du Tombeau.

La voie Douloureuse, depuis le jardin des Oliviers jusqu'à l'église de la Résurrection, est longue d'environ trois kilomètres. En la parcourant, le frère Liévin nous avait aussi montré l'emplacement où s'élevait jadis la maison du mauvais riche, et il nous citait en même temps cette magnifique parabole dont il est l'objet dans l'Evangile :

« Il y avait un homme qui était vêtu de pourpre et de lin et qui se traitait magnifiquement tous les jours. Il y avait aussi un pauvre nommé Lazare, couché à sa porte tout couvert d'ulcères, qui eût désiré se rassasier des miettes qui tombaient de la table du riche, mais personne ne lui en donnait et les chiens venaient lécher ses ulcères. Or, il arriva que ce pauvre mourut et fut porté par les anges dans le sein d'Abraham ; le riche mourut aussi et eut l'enfer pour sépulcre. » (S. Luc, chap. XVI, vers. 19, 31.)

Le soir de ce même jour j'assistai, dans la chapelle latine du Calvaire, à l'office du Vendredi-Saint célébré avec la plus grande pompe par Mgr Bracco, coadjuteur du Patriarche latin et devenu depuis son successeur.

La cérémonie, commencée vers huit heures du soir, se prolongea jusqu'à minuit. L'Evêque, suivi d'une foule immense et recueillie en tête de laquelle marchait le consul de France accompagné de tout le personnel du Consulat, fit trois fois processionnellement le tour du Saint-Sépulcre. Chaque pélerin tenait un cierge allumé et mêlait ses chants à ceux du clergé.

Pendant le cours de cette longue procession qui dura bien deux heures, nous entendîmes trois sermons prêchés par des Pères Franciscains : le premier en arabe, le second en syriaque et le troisième en français.

Mes jambes fléchissaient sous moi lorsque je quittai l'église. Ces quatre heures d'office que j'avais dû passer en partie debout et en partie à genoux m'avaient littéralement exténué. A part quelques rares banquettes en pierre, il n'y a ni bancs, ni chaises dans la Basilique, de sorte qu'il m'avait été impossible de m'asseoir durant la cérémonie.

Le lendemain, 17 avril, je retournai vers midi au Saint-Sépulcre pour assister à la fameuse cérémonie des Grecs dite du « Feu sacré », qui s'y célèbre, chaque année, le Samedi-Saint. Cette fête soi-disant religieuse et qui rappelle les saturnales des anciens Romains est une misérable et sacrilége parodie de la Pentecôte.

Les Grecs prétendent que le Saint-Esprit apporte lui-même, une fois par an, à leur Patriarche le feu purificateur dont le contact seul suffit à effacer toute souillure.

Telle est la fable grossière répandue et accréditée depuis un temps immémorial parmi le peuple par le clergé schismatique de Jérusalem, qui a, du reste, donné à cette solennité tous les caractères d'une véritable spéculation financière, comme on le verra un peu plus loin.

J'occupais la tribune des Latins, située dans la grande rotonde, au milieu du pourtour de la première galerie et précisément en face de la chapelle du Tombeau où est censé se passer le miracle. Il était donc impossible d'être mieux placé que je ne l'étais pour suivre, dans toutes leurs péripéties, les actes successifs de cette triste comédie. Dans la tribune voisine de la mienne se trouvait, avec sa suite, le Pacha gouverneur de la ville, qui me parut prendre un plaisir extrême au spectacle qu'il avait sous les yeux. J'entendais à chaque instant ses rires bruyants et moqueurs. J'étais navré de voir les représentants les plus autorisés d'une communion chrétienne prêter ainsi le flanc aux railleries des musulmans, en même temps qu'irrité contre ce haut fonctionnaire turc dont la sarcastique gaieté en un tel lieu me froissait et me peinait.

La cérémonie devait commencer à une heure de l'après-midi.

Dès le matin, l'église avait été envahie par un flot de curieux et, lorsque nous y arrivâmes, il n'y avait déjà plus un coin disponible dans l'immense basilique. Partout se pressait une foule impatiente, houleuse, frémissante, dont le murmure incessant montait jusqu'à nous et que contenait à grand'peine un détachement de soldats turcs envoyés là par l'autorité militaire pour essayer de maintenir l'ordre. Chaque pèlerin défend avec acharnement contre les tentatives d'empiètement du voisin une place conquise le plus souvent à la force du poignet et gardée avec soin depuis la veille ou même l'avant-veille.

Il n'est pas rare, en effet, de voir un grand nombre de familles élire provisoirement domicile, à cette occasion, pendant deux ou trois jours, dans l'église de la Résurrection où tous, pères, mères et enfants, mangent, boivent et dorment pêle-mêle comme dans une hôtellerie. Cette scandaleuse promiscuité, résultat d'un état de choses qu'il est inouï de voir ainsi toléré, n'est pas un des moindres étonnements que réserve au spectateur cette fête vraiment païenne. Rien n'est plus curieux à observer que ces types d'hommes si variés, si opposés, si étranges parfois. Là se rencontrent des milliers de pèlerins de toutes nationalités, de toutes races, depuis les Moujicks de Russie aux longs cheveux huileux jusqu'aux Abyssins au noir visage.

Tout ce monde, en attendant la venue du Patriarche grec, cause, rit et s'agite bruyamment. De temps en temps s'élevaient, parmi cette foule, des disputes et des rixes qui nécessitaient l'intervention des zaptiés de service, armés de courbaches et de nerfs de bœuf dont ils cinglaient fortement les épaules des plus mutins.

Une heure sonne : des applaudissements et des hurrahs frénétiques annoncent l'arrivée de l'évêque. C'était un beau vieillard, à la longue barbe blanche, à l'air digne et imposant, que je m'étonnai de voir se prêter à une pareille supercherie. Revêtu de ses insignes épiscopaux et de ses plus riches ornements, il fend avec peine ces rangs pressés qui s'entr'ouvrent peu à peu devant lui. Tous les fronts se courbent sous sa bénédiction. Il arrive enfin devant la petite chapelle du Saint-Sépulcre, s'agenouille quelques instants sur le seuil, retire sa chasuble d'or comme un prestidigitateur rejette un vêtement suspect, puis il entre dans la chambre sépulcrale dont il a soin de fermer à clef la porte derrière lui.

Il se fait alors un grand silence. On sent qu'il va se passer là quelque chose d'extraordinaire. Tout-à-coup, des gerbes de flammes jaillissent des deux ouvertures pratiquées de chaque côté de la porte qui donne accès à la chapelle du Tombeau. Ce sont les torches embrasées miraculeusement ; c'est le feu du ciel apporté par le Saint-Esprit. Le patriarche distribue, ou plutôt jette ces torches aux popes apostés pour les recevoir et pour en communiquer la flamme à la foule impatiente.

A cette vue, l'enthousiasme des assistants tourne au délire. Ce sont des applaudissements, des trépignements et des clameurs à faire crouler le Temple. On s'arrache les torches que l'on promène par toute l'église, et auxquelles chaque pèlerin veut allumer son cierge. En un instant, comme une traînée de feu, mille lumières étincellent et la sombre basilique, brillamment illuminée, resplendit de clartés. Le coup d'œil est vraiment féérique.

Sur ces entrefaites, le patriarche sort du Saint-Sépulcre et s'empresse de se dérober aux ovations pressantes de la multitude affolée.

Ce qui suit dépasse tout ce que l'on pourrait dire. Il faut se reporter aux descriptions des fêtes païennes de Bacchus et d'Eleusis pour s'en faire une idée.

En un tour de mains, ces fanatiques du schisme, hommes, femmes et enfants se dépouillent de leurs vêtements et promènent sur leur corps la torche fumante à laquelle ils attribuent le don et la vertu de purification. On peut juger par là du désordre et du tumulte sans nom dont l'église du Saint-Sépulcre devient alors le théâtre.

Je sortis à ce moment , emportant de cette fête scandaleuse la plus pénible impression et me demandant avec stupéfaction comment il se trouvait des ministres d'un culte chrétien pour entretenir une pareille superstition et pour autoriser, par leur exemple, de telles profanations.

La cérémonie du Feu sacré rapporte au couvent grec schismatique de Jérusalem des sommes considérables. Pendant toute cette journée, deux moines de la communauté se tiennent à l'entrée de la chapelle du Saint-Sépulcre et tendent la main à chaque pèlerin qui se dispose à y entrer. C'est, si je puis m'exprimer ainsi, l'aumône forcée. En présence de ce honteux trafic, je songeai à ces marchands prévaricateurs que Jésus chassa du Temple.

DU VÉRITABLE FEU QUI DESCENDAIT AUTREFOIS DANS LE SAINT-SÉPULCRE.

Les lignes qui vont suivre sont empruntées à la plume du chanoine Doubdan qui visita la Terre Sainte en l'an 1651 :

« Après avoir parlé de ce feu abusif, faussement appelé saint, il est à propos de parler ici du véritable, qui réellement et miraculeusement descendait autrefois dans ce même lieu du Saint-Sépulcre; non que mon dessein soit d'en rechercher l'origine, car je ne sache point d'auteur qui en parle avec assurance, mais seulement de rapporter ici ce que quelques auteurs en ont écrit comme témoins oculaires et qui nous apprennent que du temps que les chrétiens s'étaient rendus maîtres de la Terre-Sainte, ils avaient cette consolation de voir tous les ans, la veille du jour de Pâques, une flamme de feu descendre sensiblement dans ce sacré Tombeau et allumer les lampes qu'on y laissait exprès toutes éteintes : afin de faire connaître par ce miracle signalé la sainteté et dignité incomparable de ce sacré Lieu, le plus auguste et glorieux de toute la terre. D'où les schismatiques ont pris sujet de faire croire au peuple qu'il vient et descend encore à présent et fait la même merveille, laquelle cependant n'est qu'une pure tromperie, comme nous avons vu ci-devant.

» ..... Tout ce qui reste à dire de cette fête qu'on pourrait bien appeler la Chandeleur, pour la quantité des chandelles qu'on y brûle, c'est que, ci-devant, ce feu était fait ordinairement par un des prêtres Abyssins qui venait quelquefois exprès d'Ethiopie, lequel étant enfermé quelque temps dans le Saint-Sépulcre, battait son fusil tout à loisir et allumait la lampe; mais à présent, nous remarquâmes fort bien qu'il n'y eut autre personne que le Patriarche grec qui y entra lui troisième, et quelqu'un me dit aussi que ces pauvres Indiens en avaient eu un remords de conscience d'abuser ainsi le peuple et avaient absolument refusé de le plus faire. »

Le jour de Pâques, je me levai à la pointe du jour et je me rendis au consulat de France pour y prendre mon collégue Sienkiewicz qui m'y avait donné rendez-vous la veille. Il avait été convenu entre nous que je l'accompagnerais à l'église du Saint-Sépulcre où Monseigneur Bracco devait célébrer la messe pascale à cinq heures du matin.

Je trouvai le consul en grand uniforme, entouré des officiers du consulat et de quelques Français résidant dans la Ville Sainte.

Nous sortîmes, précédés de six cawas armés de leurs longues cannes à grosse pomme d'argent assez semblables à celles que portent en France les tambours majors, et revêtus de leurs gracieux costumes bleus tout chamarrés de broderies d'or. A notre arrivée dans la Basilique, nous fûmes reçus par le Révérendissime de Terre Sainte lui-même, qui nous conduisit aux places réservées pour nous au pied de l'autel.

On avait dressé devant la porte de la chapelle du Tombeau un autel mobile où, suivant l'usage, les évêques de chaque Communion chrétienne représentée à Jérusalem viennent tous successivement officier le dimanche de Pâques.

Pendant l'office divin qui est célébré avec toute la pompe orientale, je fus témoin de l'inconvenance et de l'hostilité des moines grecs et des prêtres arméniens schismatiques vis-à-vis des latins.

Dès le commencement de la messe en effet, les premiers et les seconds, cachés dans leurs tribunes, frappaient à coups redoublés sur des tamtams et autres instruments bruyants, nous donnant ainsi une sorte de charivari. Le bruit augmenta lorsque, après l'Evangile, le Prélat voulut nous adresser quelques mots sur la solennité du jour. Il lui fut impossible de se faire entendre, même des fidèles les plus rapprochés de l'autel.

Ces vexations se renouvellent souvent et amènent des querelles qui dégénèrent parfois en rixes sanglantes. Rien de plus triste, assurément, que ces conflits quotidiens, que ces luttes perpétuelles en un tel lieu. Malheureusement, on ne prévoit pas la fin de ce regrettable état de choses.

Cette haine jalouse des Grecs contre les Latins n'est pas née d'hier. Elle date des Croisades et elle s'est fidèlement transmise, de génération en génération, jusqu'à nos jours. Dans cette longue succession d'années, elle n'a rien perdu de son intensité.

Si les Croisades, d'ailleurs, n'ont pas eu tout l'effet qu'on en pouvait attendre, c'est, en grande partie, à la politique perfide d'Alexis Comnène et de ses conseillers qu'il faut l'attribuer. Godefroy de Bouillon et ses fidèles chevaliers ne trouvèrent, à Constantinople, auprès de leurs alliés, qu'une malveillance marquée et aucune occasion de la leur témoigner ne fut négligée par les fils dégénérés de Constantin le Grand.

Le seul monument vraiment remarquable de l'art musulman à Jérusalem est la mosquée d'Omar qui est célèbre dans le monde entier. Elle fut bâtie vers l'an 1000 de l'ère chrétienne, non pas, comme on pourrait le croire, par le calife Omar dont elle porte le nom, mais par le sultan Saladin. Elle s'élève sur l'emplacement de l'ancien temple des Juifs.

Il n'y a pas plus de vingt ans que cette mosquée est devenue accessible aux Européens. Jusque-là, le grossier fanatisme des Turcs en avait interdit l'entrée à tout étranger sous peine de mort.

Un voyageur français, nommé Damoiseau, ayant cherché à y pénétrer lors d'un séjour qu'il fit dans la Ville Sainte en 1833, raconte de la façon suivante comment il fut éconduit par le mutessaref à qui il s'était adressé :

« Un objet, dit-il, excitait vivement ma curio-

» sité à Jérusalem. C'était la belle mosquée bâ-
» tie sur les ruines du temple de Salomon. Tant
» de voyageurs assuraient qu'il était impossible
» à tout chrétien d'y pénétrer, que je voulus
» tenter de prouver le contraire.

» Recommandé au Mutzelim de la ville, j'allai
» lui présenter mes respects et le presser de
» m'accorder une faveur à laquelle j'attachais le
» plus grand prix, celle de visiter ce temple des
» vrais croyants dont on raconte merveilles et
» miracles. La réception amicale du Mutzelim
» encourageait mes instances ; il souriait à mes
» vœux, il paraissait dans les dispositions d'y
» céder et je me croyais déjà sûr de la réus-
» site, quand quelques mots m'éclairèrent.

» Va, mon fils, me dit-il, la lumière divine
» t'éclaire ; tu désires, je le vois bien, renoncer
» au culte des infidèles pour entrer dans le rang
» des disciples de Mahomet. Je bénis notre saint
» prophète d'avoir embrasé ton âme de cette
» ardeur salutaire, de t'avoir inspiré le besoin de
» te convertir à la foi qui seule peut mériter la
» béatitude éternelle. Va, mon cher fils, et reviens
» purifié de tes souillures pour suivre désormais
» la bonne voie. Je vais te donner une escorte qui
» se chargera d'instruire nos imans de tes louables
» intentions et t'aplanira toutes les difficultés. »

» Ce discours, que la malice du Mutzelim lui
» dictait pour m'embarrasser me désenchanta sin-
» gulièrement. Je lui répondis que, tout en pro-

» fessant une grande vénération pour Mahomet et
» beaucoup de respect pour la religion qu'il ensei-
» gne, mon dessein n'était pas de renoncer à ma
» patrie pour devenir sujet du Grand-Seigneur ;
» que la seule envie d'examiner un beau monument
» des arts de l'Orient avait déterminé ma démar-
» che auprès de lui et qu'étant né de père et de
» mère chrétiens, à mes risques et périls je vou-
» lais mourir chrétien.

« Ah ! me dit le Mutzelim, ceci change bien
» l'affaire ! Je m'étais étrangement trompé sur ton
» compte, seigneur français. N'importe, je t'ai
» promis une escorte pour t'accompagner à la
» mosquée, je tiendrai ma parole : on t'en fera
» voir les dehors et l'intérieur dans tous les
» détails ; seulement, je dois t'avertir que si le
» peuple musulman te reconnaît pour chrétien, ce
» qui est plus qu'à supposer, le moindre désagré-
» ment qui puisse t'arriver c'est d'être massacré
» sur place. Vois maintenant ce que tu dois faire :
» une pareille bagatelle n'arrêtera pas sans doute
» un homme de courage comme toi. »

« Pas le moins du monde, répondis-je au facé-
» tieux Mutzelim, mais comme il me reste encore
» quelques légers intérêts à régler, je remettrai la
» partie de plaisir à un autre jour, si vous voulez
» bien me conserver la même bienveillance. »

« Le Mutzelim parut charmé de cet échange de
» plaisanteries : il fit apporter des sorbets et des
» pipes et nous nous quittâmes fort bons amis,

» quoique je m'en retournasse un peu désappointé
» du non-succès de mes espérances. »

Depuis la guerre de Crimée, les Turcs se sont départis de leur rigueur à cet endroit et l'on peut, aujourd'hui, visiter la mosquée sans danger.

Il suffit de faire demander, par l'intermédiaire du consul de sa nation, au gouverneur de Jérusalem, une autorisation qui est toujours accordée.

Elle s'obtient même d'autant plus facilement que le permis délivré à cet effet n'est pas gratuit. Chaque visiteur doit acquitter un droit d'entrée de vingt-cinq piastres, ce qui fait cinq francs de notre monnaie. C'est mesquin de la part de l'administration locale, mais les coffres sont souvent vides et, en Turquie, on fait argent de tout.

M'étant donc conformé aux usages suivis en pareille circonstance, je reçus un matin le firman qui allait m'ouvrir les portes de l'un des sanctuaires les plus vénérés de l'islamisme.

Je m'y rendis, escorté d'un cawas appartenant au consulat de France et de plusieurs personnes qui avaient demandé à se joindre à nous.

La mosquée d'Omar, située dans le quartier musulman derrière la tour Antonia, s'élève majestueusement au milieu d'une immense esplanade pavée de marbre blanc et dont les dalles usées ont jauni par place. La hauteur de l'édifice, depuis la base jusqu'au sommet du dôme, est de cent vingt pieds. La coupole, à l'extrémité de laquelle brille un énorme croissant doré, est recouverte en cuivre.

Nous trouvâmes sur le seuil du parvis deux nègres Nubiens qui sont les gardiens de la mosquée et dont le type étrange me frappa. Leur physionomie reflétait les sentiments bas et cruels qui sont inhérents à leur race. On lisait dans ces yeux ardents un sombre et farouche fanatisme. En dépit de l'attitude respectueuse qu'ils affectaient vis-à-vis de nous, on sentait gronder chez eux une sourde irritation, qu'un rien eût suffi peut-être pour faire éclater. Mais, suivant en cela les sages recommandations qui m'avaient été faites au consulat et les préceptes les plus élémentaires de la prudence, j'avais invité ma petite troupe à s'abstenir de toute raillerie et à éviter tout ce qui aurait pu être de nature à éveiller leurs susceptibilités religieuses.

Ces nouveaux janissaires, armés jusqu'aux dents, tourmentent machinalement, à la seule vue d'un chrétien, les pistolets et les yatagans pendus à leurs ceintures et ils n'hésiteraient pas à la moindre imprudence de sa part à s'en servir contre lui.

J'étudiai avec un vif intérêt ces figures qui n'ont rien de banal et à travers lesquelles se font jour les instincts les plus sauvages.

Au moment de nous engager sur le parvis sacré, il fallut quitter nos souliers et chausser des babouches de cuir jaune. C'est là, en effet, chez les Orientaux, une des plus grandes marques de déférence. Avant de pénétrer dans leurs lieux consacrés, on doit retirer ses chaussures, absolument comme chez nous à l'église, on ôte son chapeau et on entre la tête découverte.

C'est donc le pied emprisonné dans des sandales trop étroites, fournies par nos fameux Nubiens, que je gagnai les abords de la mosquée.

Le plan de ce remarquable édifice est des plus simples.

« Sur un octogone régulier s'élève un tambour circulaire qui porte une coupole ogivale surmontée d'un immense croissant doré dont les deux pointes se rejoignent. La coupole est légèrement ogivale à sa partie supérieure ; sa base présente un léger étranglement, mais cette disposition est à peine sensible et ne fait que donner à la coupole quelque chose de plus svelte sans diminuer sa grandeur. La coupole est recouverte en cuivre, le tambour est revêtu de terres cuites d'un beau bleu d'azur couvertes elles-mêmes de versets du Coran qui s'y étalent en capricieuses arabesques. La base octogone est revêtue de marbre blanc jusqu'à la hauteur de deux mètres et, dans sa partie supérieure, de tuiles vernissées et de plaques de marbre figurant des dessins élégants. Aux quatre points cardinaux de la mosquée s'ouvrent des portes ogivales soutenues par des colonnes torses très légères. L'édifice présente, en outre, à la hauteur qui répond à la partie supérieure des portes, un rang de fenêtres ogivales. Le tambour qui porte la coupole est également percé d'une rangée de fenêtres rectangulaires (1). »

Les terres cuites dont il est fait mention dans cette description sont de vieilles faïences persanes d'un prix inestimable et dont on a perdu le secret. Malheureusement elles se détachent petit à petit de l'édifice où elles laissent des vides que rien ne vient combler. Tout autour du temple, le sol est jonché de leurs débris. Les Turcs n'essaient même pas de préserver le peu qui reste d'une destruction complète : destruction inévitable, si on continue à négliger les précautions les plus élémentaires. Etrange nation qui semble ne se complaire qu'au milieu des ruines !...

Après avoir examiné sous toutes ses faces l'extérieur de la mosquée, nous y entrâmes. On éprouve, au premier abord, une sorte de déception. Là, comme dans les autres sanctuaires de l'islamisme, l'absence presque complète d'ornements, le manque à peu près absolu de décoration donnent à tout le temple un ton glacial. L'œil surpris aperçoit confusément de grandes murailles blanches, relevées de maigres guirlandes d'arabesques peintes en bleu et en noir et qui reproduisent des versets du Coran. Dans cette vaste nef, sous ce dôme gigantesque, pas un autel, pas une statue, pas un tableau ! rien, en un mot, qui inspire le respect, rien qui parle à l'âme.

(1) Joanne, itinéraire en Orient.

Cette première impression, je me hâte de le dire, s'efface au fur et à mesure que l'on avance dans l'examen des détails intérieurs. Il y a aux fenêtres des vitraux remarquables par la multiplicité et la vivacité des couleurs. Ils remontent à la construction même de la mosquée. Une grande quantité de vieilles lampes en cuivre ciselé, d'un magnifique travail, sont suspendues aux voûtes du sanctuaire. Le pavé de marbre blanc est presque entièrement recouvert de longs tapis de Perse qui doivent dater d'Omar ou de Saladin, tant la trame en est usée et les couleurs fanées. De nombreuses générations de croyants s'y sont agenouillées pour adresser leurs salamaleks à Allah.

Au milieu du temple et entourée d'une balustrade en bois noir sculpté s'élève une roche grisâtre appelée « El Sakra » ou la Sainte, qui a aussi donné son nom à la mosquée. C'est, dit-on, le sommet du mont Moriah où s'est passé le sacrifice d'Abraham, quand son bras prêt à frapper Isaac fut arrêté par Dieu lui-même, satisfait de l'obéisssance de son serviteur. Quoi qu'il en soit, ce rocher est, de la part des musulmans, l'objet d'une vénération profonde, due surtout à la croyance généralement répandue parmi eux que c'est là qu'aurait eu lieu la prétendue ascension de Mahomet. Au-dessus, est tendue une longue écharpe de soie blanche et verte dont les plis retombent jusqu'à terre.

« Selon les mahométans, rapporte Guillaume de

Tyr, historien contemporain des Croisades, c'était sur cette pierre que les prophètes mettaient les pieds en descendant de cheval pour entrer au temple. Ce fut encore sur cette pierre que Mahomet descendit, quand il arriva de l'Arabie-Heureuse et quand il fit le voyage du Paradis pour traiter d'affaires avec Dieu. »

Derrière le rocher, s'ouvre un escalier étroit et obscur, d'une vingtaine de marches environ, qui conduit à une petite chambre souterraine dans laquelle nous descendîmes. C'est un caveau dont les murs sont recouverts de marbre noir. Le Nubien qui nous accompagnait, nous désignant alors, à la lueur de sa lanterne, une dalle placée à l'entrée, la frappa de son bâton. Elle rendit un son clair et prolongé qui me révéla l'existence d'une profonde cavité. Cette dalle recouvre en effet, m'a-t-on dit, l'orifice d'un puits que les musulmans appellent le puits des âmes. C'est à cet endroit qu'ils placent les enfers.

M. de Vogüé pense que la roche, « El Sakra, » n'est autre que l'ancien autel des Holocaustes et que le puits, situé au-dessous, devait être le conduit par lequel s'écoulait le sang des victimes jusque dans le torrent du Cedron.

A l'un des piliers de marbre gris qui forment la nef et qui supportent le dôme, on voit accrochés derrière un épais grillage en fils de fer l'étendard vert du Prophète enroulé autour de sa lance, le bouclier en cuivre ciselé de l'un de ses compagnons et la bannière brodée d'or du calife Omar. Ce sont les seules reliques du temple.

Dans cette colonnade, deux piliers voisins, que nous montrèrent les Nubiens, sont l'objet de deux légendes. Suivant l'une, tout chrétien qui essaierait de passer entre eux serait impitoyablement broyé sur place par leur rapprochement instantané. Guillaume de Tyr, que je citais plus haut, rapportant cette menace, ajoute avec bonhomie : « J'en sais pourtant bien à qui cet accident n'est pas arrivé quoiqu'ils fussent bons chrétiens. » Il va sans dire que, nous aussi, nous fîmes mentir la prophétie.

Par contre, d'après une autre légende, le paradis de Mahomet serait assuré à tous ceux qui passent librement entre ces colonnes.

Pendant cette visite qui se prolongea bien une heure, nous remarquâmes, à diverses reprises, des musulmans en prières, dont l'attitude recueillie me frappa. Tournés vers l'Orient, ils se prosternaient humblement, en marmottant des versets du Coran, jusqu'à toucher du front les dalles du temple. Lorsque nous passions près d'eux, ils ne paraissaient pas nous voir ; mais à peine les avions-nous dépassés que, me retournant brusquement, je les surprenais, la tête relevée, le visage empourpré de colère, dardant sur nous un œil ardent et courroucé. Ils témoignaient ainsi, jusqu'à l'évidence, de leur indignation de voir la mosquée sacrée profanée par la présence de ghiaours tels que nous. Il y a vingt ans, nous ne serions pas sortis vivants des mains de ces fanatiques.

En terminant cette description, je dois mentionner ici une dernière légende dont la mosquée d'Omar fait encore les frais. La foi musulmane enseigne que toutes les actions des hommes y sont pesées dans « la balance invisible. »

Je rappelais plus haut les prescriptions rigoureuses qui interdisaient autrefois à tout Européen l'entrée de cette fameuse mosquée. Le même fanatisme existe encore pour La Mecque où se trouve le tombeau de Mahomet et qui est restée une ville absolument fermée aux étrangers. Quelques-uns pourtant ont pu y pénétrer, au prix de mille fatigues et au péril de leur vie. C'est ainsi qu'il y a environ une quinzaine d'années, M. Hecquard, alors consul de France à Damas, travesti en mendiant turc, parvint à suivre jusque dans la cité sainte des mahométans leur grand pélerinage annuel et à en revenir sain et sauf. Il parlait très-facilement et très-purement le turc et l'arabe, et, grâce aussi à son déguisement, il échappa aux dangers de la route.

C'est sur un coin de cette vaste esplanade, où se dresse encore dans sa ruine grandiose et imposante un pan de muraille salomonienne échappé à la destruction du temple, que les Juifs de Jérusalem se réunissent, tous les vendredis, pour y réciter l'office et pour y pleurer ensemble sur la ruine du royaume et du peuple d'Israël.

Le terrain qui leur a été abandonné comme lieu de prière affecte la forme d'un rectangle et peut avoir environ trente mètres de longueur.

J'assistai là, le scond vendredi que je passai à Jérusalem, à une scène aussi étrange qu'émouvante.

Une centaine de Juifs des deux sexes, de tout âge, de toutes conditions, les uns debout, les autres agenouillés au pied de l'épaisse muraille, psalmodiaient en hébreu, sur un rhythme plaintif, les Lamentations du prophète Jérémie.

Les hommes, invariablement coiffés du bonnet traditionnel en peau de renard, étaient revêtus d'une longue houppelande en drap noir ou vert foncé bordé de fourrures.

Les femmes, voilées avec soin, suivant l'usage oriental, portaient le costume adopté par la partie féminine de la population de Jérusalem, et qui consiste en un large chéroual ou pantalon bouffant en étoffe légère, auquel vient s'adapter une ample veste en cotonnade de diverses couleurs.

Je vis ainsi se succéder plusieurs séries de Juifs, qui tous semblaient prier avec une égale ferveur et paraissaient abîmés dans la douleur la plus profonde. De temps à autre, les femmes faisant le geste de s'arracher les cheveux poussaient des cris de désespoir, tandis que les hommes, courbés vers la terre, frappaient la pierre de leurs fronts et versaient d'abondantes larmes.

Cette attitude désolée, cette explosion de cris et de sanglots, sont-elles feintes ou sincères? C'est, en présence de ce spectacle, la question qui se présente tout naturellement à l'esprit. Eh bien, je n'ai pas hésité à pencher vers la seconde hypothèse. Je crois qu'il y a là, en effet, la manifestation vraie et spontanée de sentiments profondément douloureux, faciles d'ailleurs à expliquer chez des enfants d'Israël devenus étrangers dans leur propre patrie. Une comédie plus ou moins habilement jouée n'eût sans doute pas résisté à l'action du temps. Or, cette coutume touchante chez les Juifs de Jérusalem de se réunir pour prier ensemble sur les ruines de leur temple, remonte à la plus haute antiquité et a toujours été fidèlement observée jusqu'à nos jours. Il en est déjà fait mention au XIIe siècle, dans une relation écrite par un certain Benjamin de Tudela, fils d'un rabbin espagnol, qui visita la Palestine vers 1165.

Quoi qu'il en soit, la scène que j'ai essayé de retracer ici ne manque ni d'intérêt ni de grandeur et elle mérite en tous points d'attirer le voyageur et de fixer son attention.

Parmi ces Juifs, beaucoup sont établis depuis peu de temps dans la ville sainte. Il paraît que, sur la fin de leur vie, ils quittent volontiers les divers points du globe où ils sont disséminés et se rendent par troupes à Jérusalem pour y mourir.

Cette décision leur est inspirée par le désir qu'ils ont de se faire enterrer dans un des nombreux cimetières de la vallée de Josaphat, afin d'y être tout portés au jour du jugement dernier.

Il ne reste plus, à Jérusalem, de véritables descendants des anciennes familles juives du pays qui toutes, tôt ou tard, ont été dispersées et ont fini par disparaître complètement. Celles qu'on y voit aujourd'hui ne remontent guère au-delà du XVe siècle. Elles sont, pour la plupart, originaires de l'Allemagne, de la Pologne, de la Gallicie, de la Hongrie et de l'Espagne.

En quittant la mosquée d'Omar, nous nous dirigeâmes, à travers une large esplanade gazonnée, semée d'ifs et de cyprès qui ombragent quelques tombeaux en ruines, vers la mosquée d'El-Aksa adossée au mur d'enceinte de la ville et située à l'extrémité du Haram (c'est le nom donné par les Turcs à tout le terrain qui dépendait autrefois du temple des Juifs).

Cet édifice, presque entièrement reconstruit par les Croisés au commencement du XIIe siècle et qui portait alors le nom de « basilique de Sainte-Marie, » avait été primitivement bâti par Justinien sur les ruines d'une ancienne dépendance du temple où, suivant une tradition locale, auraient habité, pendant un certain laps de temps, saint Joachim, sainte Anne, et la Sainte Vierge.

A côté, s'élevait jadis une demeure royale, construite par les rois Latins, et dont il ne reste plus aujourd'hui que de profondes galeries souterraines, dont les proportions énormes peuvent encore donner une idée de ce que devait être ce palais colossal. Baudouin II, roi de Jérusalem, y installa les Templiers en 1129.

« La mosquée d'El-Aksa est précédée d'un porche à sept arcades correspondant aux sept nefs de l'église. L'arcade centrale est beaucoup plus grande que les arcades latérales. Toutes présentent une ogive assez aiguë dont le style appartient évidemment à l'époque des Croisades.

» La nef centrale est soutenue de chaque côté par six grandes colonnes de marbre très-massives dont les chapiteaux présentent dans leur ensemble la forme de la corbeille corinthienne, mais défigurée par l'abus des détails et des ornements dont l'a surchargée le mauvais goût byzantin. Ces colonnes massives soutiennent des arcs ogivaux. Au-dessus des arcs règnent deux rangées de fenêtres.

» Tout l'intérieur de l'église a été couvert, selon l'usage musulman, d'un badigeon blanc à peine relevé de quelques arabesques grossières. Les deux premières nefs latérales sont soutenues par des piliers carrés très-simples. Du côté de l'est, ces piliers sont cependant ornés de demi-colonnes qui font corps avec eux.

» Quant aux quatre nefs les plus extrêmes des bas-côtés, elles sont beaucoup plus basses, présentent une construction très-différente et paraissent avoir été surajoutées à une époque bien postérieure par les califes arabes, probablement par El-Mahdi (1). »

Cette mosquée renferme, dit-on, la sépulture des fils d'Aaron. Deux chaires, dont l'une est en marbre blanc artistement travaillé à jour, et l'autre en bois noir merveilleusement sculpté, sont, avec quelques beaux vitraux, les seuls ornements du temple d'El-Aksa.

Après l'avoir visité, je montai sur le rempart qui ferme la ville de ce côté et d'où l'on découvre un panorama très-étendu. Appuyé au rebord de la vieille muraille lézardée, les yeux tournés vers la campagne, j'admirai cette nature sauvage et tourmentée qui se déroulait à perte de vue devant moi.

A mes pieds s'ouvraient, comme un gouffre béant, les gorges profondes du ravin de Hinnom, resserrées entre la montagne du Mauvais Conseil d'un côté, et la montagne du Scandale de l'autre. Sur les flancs de la première s'élevait jadis la maison de Caïphe; sur le sommet de l'autre, on aperçoit, couvert de ronces et d'épines, le champ maudit où se pendit Judas Iscariote.

Au-delà apparaissent des plaines arides, à peine égayées, çà et là, par des massifs d'oliviers,

(1) MM. Joanne et Isambert.

et que limite, à l'horizon, la chaine des montagnes de la Judée. Reportant ensuite mes regards sur le Haram, j'embrassai dans un coup d'œil la ville tout entière, avec son réseau de rues étroites et poudreuses, ses constructions bizarres, ses monuments délabrés, ses dômes et ses monastères, parmi lesquels se distingue entre tous l'immense couvent russe, dont l'aspect imposant fixe l'attention.

Sur ce Haram s'élevait jadis ce fameux Temple plus beau, dit Josèphe l'illustre historien des Juifs, qu'aucune des sept merveilles du monde, et dont il ne reste plus pierre sur pierre. Il était édifié sur le mont Moriah, à la même place où David avait vu l'ange exécuteur de la justice divine, l'épée nue à la main, qui lui commanda par le prophète Gad d'élever au même lieu un autel et d'y offrir des holocaustes.

Par-delà l'enceinte et, en face de moi, se dressait le mont des Oliviers, qui borne la vue de ce côté, et qu'ombragent de rares bouquets d'arbustes rabougris au sombre feuillage.

Malgré l'azur du ciel, malgré un soleil éclatant, ce tableau est noyé dans je ne sais quelle teinte uniforme de mélancolie et de tristesse. Le voyageur peut alors s'écrier avec vérité : « Je suis dans le désert seul, *and y am in the wilderness alone.* » Quand je descendis dans le Haram, on me montra près du mur d'enceinte un petit caveau, creusé dans le sol à deux ou trois mètres de profondeur, qui, d'après le dire des musulmans, renferme le berceau du Christ. Ce prétendu berceau est une coquille en pierre de forme allongée et mesurant 50 centimètres de longueur.

J'ignore absolument l'origine de cette légende, personne n'ayant pu me renseigner à ce sujet.

C'est au retour de cette longue visite aux deux mosquées d'Omar et d'El-Aksa que je me rencontrai, chez mon ami Sienkiewicz, avec deux officiers d'état-major français, MM. les capitaines Derrien et Mieulet, arrivés le jour même à Jérusalem. Ces messieurs avaient été envoyés en Palestine par le Ministre de la guerre, avec mission de dresser une carte détaillée de la Galilée. Sur l'invitation du consul, ils déjeûnèrent avec nous. Malheureusement, nous ne fîmes que les entrevoir. Ils partirent, en effet, le lendemain matin pour Jéricho, qui devait être leur première étape dans le voyage scientifique qu'ils allaient entreprendre.

Quant à moi, matin et soir, mon couvert était mis au consulat où je passais toutes mes soirées. De cette façon, la veillée qui doit paraître si monotone et si longue, dans cette morne cité, au voyageur isolé et inconnu, était, au contraire, pour moi, par une singulière bonne fortune, courte et agréable.

Aussi ai-je gardé de la cordiale hospitalité de mon collègue Sienkiewicz le meilleur et le plus reconnaissant souvenir.

Dans l'intervalle de mes pérégrinations à travers la Ville Sainte, je faisais, avec le consul, des visites aux personnages marquants de Jérusalem. C'est ainsi que je me rendis chez le Pacha-gouverneur, chez M. l'abbé Ratisbonne, au Patriarcat latin et au couvent des Dames de Sion.

Le Seraï ou Konak, qui est la demeure officielle du gouverneur, est une vaste construction délabrée, sans caractère, précédée d'une grande cour d'honneur où l'herbe pousse entre les pavés disjoints. Là, sont concentrés tous les services de l'administration locale.

A notre entrée dans la cour, le poste sortit en armes d'une vieille masure servant de corps-de-garde, et fit la haie sur notre passage jusqu'au pied du péristyle à double rampe qui s'élève jusqu'au premier étage où se trouvent les appartements de réception. La fanfare turque, pour nous faire honneur, se mit à nous écorcher les oreilles en jouant des variations fantaisistes sur l'air alors national « du jeune et beau Dunois. » Nous saluâmes de la main et nous montâmes gravement les marches du perron. Sur le dernier degré se tenait un jeune Grec coiffé du fez et correctement vêtu de la redingote noire plissée à la taille. C'était le secrétaire particulier du Pacha, que ce dernier avait envoyé à notre rencontre.

Après s'être profondément incliné devant nous, il nous souhaita la bienvenue en français et nous introduisit dans une longue galerie où se tenait Son Excellence.

A notre arrivée, Kiamil-Pacha se leva du divan large et bas où il était assis à la mode turque et nous reçut avec beaucoup d'empressement et d'amabilité. Après les présentations et les compliments d'usage, il nous fit asseoir à ses côtés et, aussitôt, trois ou quatre domestiques apportèrent des chiboucks, des cigarettes, le café et des limonades. Tout en fumant et en buvant l'excellent moka du gouverneur, nous causâmes de mon voyage à Jérusalem, de Beyrouth, du Liban, de la France et de Paris que Kiamil connaissait. Je trouvai en lui un homme instruit, intelligent et parlant très-facilement notre langue.

Il nous apprit que Rachid-Pacha, alors gouverneur général du vilayet de Syrie, faisait une expédition contre les Ansariés. Cette tribu arabe quasi-nomade s'était retirée dans les montagnes aux environs d'Alexandrette, refusant de payer l'impôt et ouvertement révoltée contre l'autorité turque. Il nous fit, à cette occasion, un grand éloge des capacités militaires du chef de l'expédition. C'était ce même Rachid-Pacha qui, devenu plus tard ministre des affaires étrangères de l'empire, fut assassiné, il y a deux ou trois ans, dans le palais même du sultan. Je l'avais connu à Beyrouth où il résidait pendant une partie de l'année et où il avait montré les qualités d'un bon administrateur.

Rien de plus nu, rien de plus triste que cette vaste salle de réception dont les murs peints à l'huile ont des tons mélangés rouges et verts qui lui donnaient encore je ne sais quel aspect bizarre, je ne sais quelle vague ressemblance avec une salle de restaurant des environs de Paris. Pas un tableau, pas une tenture, pas un ornement : quelques fauteuils et le divan recouvert en damas rouge fané, courant autour de la pièce, en composaient tout l'ameublement.

Au moment où nous prenions congé de lui, le pacha nous invita à l'accompagner à cheval dans une promenade qu'il se disposait à faire aux environs de la ville. Il ajouta très-gracieusement qu'il mettait ses meilleurs chevaux à notre disposition.

Sienkiewicz refusa, sous prétexte que nous étions attendus ailleurs. Nous nous retirâmes donc, entourés du même cérémonial qu'à notre arrivée.

Le consul me donna alors les motifs pour lesquels il avait cru devoir décliner l'offre de Kiamil. Celui-ci, très-vaniteux, n'aurait pas manqué de nous représenter comme ayant été très-honorés de lui faire escorte : il se serait probablement permis, à cette occasion, de faire en présence de certains personnages de Jérusalem des commentaires plus ou moins malveillants et des insinuations plus ou moins fausses, auxquels mon collègue avait jugé prudent de ne pas prêter le flanc. Avec les fonctionnaires turcs surtout, on doit toujours être sur ses gardes. Ils savent souvent prêter aux choses une importance qu'elles n'ont pas; aussi je ne pus qu'approuver entièrement la réserve de Sienkiewicz dans cette circonstance.

J'ai dit tout-à-l'heure qne le secrétaire du gouverneur était grec. Il ne faut pas s'en étonner. On rencontre, en effet, beaucoup d'Hellénes dans les administrations turques, et il n'est pas rare de les voir remplir auprès des pachas les fonctions d'interprètes et de secrétaires intimes. A Beyrouth, le directeur des affaires politiques du vilayet de Syrie appartenait aussi à la nationalité grecque.

Ces étrangers, d'une finesse et d'une habileté proverbiales, sont pour les fonctionnaires ottomans de très-utiles collaborateurs.

Nous nous rendîmes ensuite chez M. l'abbé Ratisbonne, ancien israélite, dont la conversion au catholicisme fit grand bruit en France, il y a environ une trentaine d'années.

Fixé à Jérusalem depuis dix ans, cet honorable ecclésiastiqne y a fondé l'ordre des Dames de Sion, qui a pour but l'instruction et l'éducation des jeunes filles arabes, sans distinction de religion. Entièrement voué à cette œuvre charitable, il est admirablement secondé, dans sa tâche ardue, par les vénérables religieuses accourues de France à son appel et qui, au nombre d'une vingtaine, se sont associées à son généreux apostolat.

M. l'abbé Ratisbonne qui a déjà bâti un beau

couvent où plus de cent enfants fréquentent assidûment l'école, s'occupait encore de nouvelles constructions destinées à renfermer un pensionnat de garçons. Nous le trouvâmes au milieu de ses ouvriers : il nous accueillit de la façon la plus gracieuse et nous fit visiter les travaux. Il nous raconta que l'empereur d'Autriche, venu à Jérusalem quelques mois auparavant, lui avait remis vingt mille francs pour son œuvre. Grâce à cette munificence impériale, il comptait achever prochainement son école.

Le couvent des Dames de Sion est situé dans le quartier musulman. C'est un établissement parfaitement tenu, dans d'excellentes conditions hygiéniques, et qui ne pourra que prospérer. Dans leurs moments de loisir, les élèves fabriquent de très-jolies images composées avec des fleurs naturelles desséchées, provenant du jardin de Gethsémani, et qu'on appelle fleurs de la Passion. Ces petits ouvrages, d'un travail fin et délicat, sont vendus au profit de l'œuvre. On en expédie une grande quantité en Europe, notamment en France, et surtout à Paris, où les Dames de Sion ont aussi une maison.

Quelques jours avant mon départ de Jérusalem, le consul me mena au patriarcat latin où, en l'absence du titulaire, Monseigneur Valerga, qui se trouvait alors à Rome pour le Concile, nous fûmes reçus par son coadjuteur Monseigneur Bracco, jeune prélat romain d'une grande distinction. Il nous fit visiter en détail sa résidence, qui renferme un grand jardin entouré de hautes murailles. Le palais épiscopal, tout neuf, venait à peine d'être terminé; la chapelle, conçue dans de belles proportions, n'était pas encore couverte. On avait dû arrêter les travaux faute d'argent.

Par suite de la mort du titulaire, survenue il y a trois ou quatre ans, Monseigneur Bracco, âgé de 35 ans à peine, a été promu par le Saint-Père à la dignité de patriarche latin de Jérusalem. C'est assez dire quel est son mérite. Envoyé par la cour de Rome en Palestine vers 1860, il devint successivement professeur de philosophie au séminaire de Jérusalem, vicaire-général, évêque *in partibus* de Magida, et enfin le successeur de Monseigneur Valerga. Il connaît à fond les hommes et les choses de Palestine pour les avoir longtemps pratiqués, et il se montre plus sympathique à notre pays si intimement lié à l'œuvre du patriarcat latin que son prédécesseur qui, à tort ou à raison, passait pour nous être peu favorable. Nous devons donc nous féliciter, à tous égards, du choix qui a été fait de Monseigneur Bracco pour occuper les hautes et délicates fonctions dont il est investi.

Un des beaux et rares monuments encore debout de l'art chrétien à Jérusalem est l'église Sainte-Anne qui a été donnée à la France en 1856 par le sultan Abdul-Azis.

Ce sanctuaire, bâti par les Croisés, vers le milieu du XIIe siècle, sur l'emplacement même de la maison de saint Joachim et de sainte Anne, fut converti en mosquée après la prise de la ville par les Turcs. Devenu plus tard une école musulmane, il tombait en ruines lorsque nous en prîmes possession.

Sainte-Anne s'élève majestueusement au milieu d'une vaste esplanade entourée, de tous les côtés, par de hautes et solides murailles qui l'isolent complètement.

« Elle forme un carré long terminé par trois absides. La façade, fort simple, a une porte à ogive dans le tympan de laquelle se trouve une inscription arabe. Au-dessus de la porte règne une corniche franchement romaine, sur laquelle s'appuie une petite fenêtre sans ornements ; au-dessus est une grande fenêtre plus ornée. Le trait principal de la physionomie extérieure est l'absence de pignons et de toits pointus. Les toits des trois nefs et du transsept présentent des surfaces horizontales, au-dessus desquelles s'élève le dôme de la coupole centrale. A part cette singularité, l'apparence extérieure est celle de nos églises.

» L'intérieur est divisé en trois nefs d'égale longueur aboutissant à un transsept et correspondant aux trois absides. Trois piliers de chaque côté séparent la nef centrale des bas-côtés et forment, à partir du transsept, trois travées. Les absides s'appuient directement sur le transsept : celle du milieu est percée de trois jours, les deux autres d'un seul. La longueur totale de l'édifice est de 34 mètres, sa largeur de 19 mètres 50 ; la hauteur de la grande nef est, sous clef, de 9 mètres. La coupole, portée sur pendentifs, était byzantine ; elle a été refaite et rendue légèrement ogivale. Sous le transsept et la première travée de la nef règne une crypte où l'on descend par un escalier ouvert dans le bas-côté méridional.

» La crypte que la tradition considère comme ayant fait partie de la maison de sainte Anne où naquit la Sainte Vierge se compose d'une première grotte dont les parois présentent deux absidioles, et d'une seconde qui semble être une ancienne citerne reliée après coup à la première par un étroit couloir (1). »

Les travaux de restauration confiés à un architecte français distingué, M. Mauss, étaient encore loin d'être achevés en 1870. Chaque année, une certaine somme affectée à cette dépense est inscrite au budget du Ministère des affaires étran-

(1) M. de Vogüé : ouvrage sur les églises de Terre-Sainte.

gères. L'architecte ne pouvant pas la dépasser et le crédit se trouvant souvent insuffisant, des lenteurs sont inévitables. Ajoutez à cela la difficulté de trouver à Jérusalem les ouvriers et les matériaux nécessaires, qu'il faut le plus souvent faire venir de très-loin.

Il entrait alors dans les projets du gouvernement français d'établir là, par la suite, une communauté religieuse à charge pour celle-ci d'entretenir et de desservir l'église. Ce serait, selon moi, à tous les points de vue, la meilleure combinaison.

Accompagnés par l'architecte nous visitâmes en détail ce remarquable édifice. Nous descendîmes dans les grottes demeurées à peu près intactes où ont séjourné sainte Anne, saint Joachim et la Sainte Vierge. Je détachai même des parois intérieures de la muraille quelques morceaux de roc que j'emportai à titre de pieux souvenir.

Notre visite à Sainte-Anne terminée, M. Mauss nous retint à déjeûner. Il habitait, près de la grille d'entrée, un joli petit pavillon bâti en pierres blanches et destiné à devenir plus tard la porterie. Vis-à-vis et lui faisant pendant, s'élève un second pavillon, absolument semblable au premier et qui est également de construction récente. C'est là que nous prîmes place autour d'une table élégamment servie.

Vers la fin du repas, nous entendîmes tout-à-coup l'écho encore lointain et affaibli d'une fanfare turque et de bruyantes clameurs. Les sons se rapprochant et devenant plus nets, nous montâmes sur le toit en terrasse qui domine tout le quartier pour voir ce qui pouvait bien mettre ainsi en émoi la population, d'ordinaire si calme, de la morne cité.

Un spectacle étrange et tout-à-fait empreint de couleur locale s'offrit à nos yeux. Les toits, les terrasses, les minarets voisins, toute la partie des remparts qui avoisine Sainte-Anne, étaient couverts de monde. Cette foule de curieux, parés d'habits de fête, attendait le passage du Pacha. Ce dernier se rendait, en effet, au-devant des pèlerins mahométans qui étaient allés, quelques jours auparavant, au tombeau de Moïse pour y faire leurs dévotions, et dont on venait d'annoncer le retour. Ce tombeau se trouve au pied du mont Attare (ancien mont Nébo), qui est situé à l'Est du Jourdain, à trois jours de marche environ de Jérusalem.

La rentrée en ville de cette caravane organisée chaque année par les Turcs en l'honneur du grand Législateur hébreu, dont la mémoire est particulièrement vénérée des musulmans, s'effectue, en effet, avec une grande solennité. Le jour du retour, les pèlerins envoient en avant un émissaire chargé de prévenir le gouverneur de leur approche et de l'heure probable à laquelle ils arriveront en vue de la cité. Le Pacha prend alors ses dispositions pour se porter de sa personne à leur rencontre, un peu en dehors des murailles, et il ramène la caravane dans Jérusalem, musique en tête et enseignes déployées.

Tel était le spectacle au-devant duquel courait avec empressement toute la population.

Nous vîmes bientôt apparaître le cortége à l'extrémité de la rue étroite et longue qui passe devant Sainte-Anne et qui aboutit à la porte Saint-Etienne par laquelle on sort de la ville. Le Pacha, coiffé du fez et revêtu de son plus brillant uniforme chamarré d'or, montait un magnifique cheval blanc richement caparaçonné et s'avançait lentement, escorté d'un nombreux état-major, au milieu des cris d'enthousiasme et des ovations du peuple. En passant devant Sainte-Anne, il leva les yeux, et, nous ayant aperçus, il salua très-gracieusement de la main. A ce moment et sans doute pour nous faire honneur, les musiciens redoublèrent d'entrain. La foule entraînée à leur suite passa devant nous comme un tourbillon.

Ce tableau me rappelait, dans un plus petit cadre, le retour et la rentrée triomphale à Damas des pèlerins de la Mecque, dont j'avais été le témoin peu de temps auparavant.

En quittant Sainte-Anne, je me dirigeai vers le mont des Oliviers pour en faire l'ascension. Je louai, pour quelques piastres, à la sortie de la ville, un de ces petits ânes grèles et nerveux que l'on trouve pour ainsi dire à chaque pas dans les rues de Jérusalem, et c'est en ce modeste équipage que je descendis dans la vallée de Josaphat.

Arrivé devant le monument élevé par les croisés sur la grotte même où fut déposé le corps de la Sainte Vierge après sa mort et que l'on appelle le Tombeau de Marie, je mis pied à terre et je pénétrai dans cette crypte, à l'entrée de laquelle s'ouvre un large escalier de pierre d'environ cinquante marches.

« Le porche extérieur, la seule partie visible du monument, a la forme d'un gros cube de maçonnerie de huit mètres environ en tous sens. La façade principale, flanquée de deux contreforts romans, est vers le sud. » (M. de Vogüé.)

La grotte est divisée en trois chapelles ornées avec la plus grande simplicité. Dans la première, se trouve la banquette de pierre, large d'un mètre, sur laquelle a reposé le corps de la Mère de Dieu. Les deux autres ont servi de sépulture à saint Joachim, à sainte Anne et à saint Joseph. Plus tard, on y a aussi enterré plusieurs personnages de la dynastie des rois latins de Jérusalem.

Ce sanctuaire est la propriété commune des Grecs et des Arméniens.

En sortant du tombeau de la Sainte Vierge, je remontai sur mon âne qui s'engagea bravement dans le sentier étroit, raviné et semé de pierres roulantes, qui contourne le flanc de la montagne. Il ne me fallut pas plus de vingt minutes pour en atteindre le sommet, qui mesure 2,379 pieds au-dessus du niveau de la mer.

Sur le plateau dénudé du mont des Oliviers

s'élève une mosquée à demi ruinée, flanquée d'une tourelle au haut de laquelle je résolus d'établir mon observatoire. J'entrai en pourparlers avec un vieux gardien turc aisément corruptible qui, moyennant quelques piastres, consentit à m'en ouvrir les portes.

A l'intérieur, dans une petite cour, se trouve le rocher sur lequel, d'après la tradition, Notre Seigneur se serait appuyé lorsqu'il est remonté au ciel après son apparition aux apôtres qui eut lieu en cet endroit. On voit dans la pierre une empreinte qui passe pour être celle du pied de Jésus-Christ.

Un étroit escalier tournant dessert la tourelle et aboutit à une plate-forme entourée d'une balustrade en fer forgé à hauteur d'appui. Arrivé là-haut, je ne pus retenir un cri d'étonnement et d'admiration. Par-delà les steppes et les collines, j'avais aperçu dans le lointain un coin de la Mer Morte et les eaux bleues du Jourdain qui étincelaient aux feux ardents du soleil au zénith.

L'impression que fit sur moi l'aspect de ces nappes d'eau entrevues soudainement à travers une campagne aride et desséchée peut être comparée à celle que doit éprouver le voyageur engagé dans le désert à la vue inattendue d'une verdoyante oasis.

Les âges bibliques se déroulaient, pour ainsi dire, sous mes yeux, avec leur cortége de souvenirs. Dans ces plaines immenses recouvertes aujourd'hui par le lac Asphaltite s'élevaient jadis

BIBLIOTHÈQUE NATIONALE R.F. IMPRIMÉS

Sodôme et Gomorrhe. Où sont aujourd'hui « ces jardins divins et semblables à l'Egypte pour celui qui arrive à Ségor », dont parle la Génèse ? Ils sont remplacés par de maigres champs de maïs et quelques plantations d'oliviers.

La vue du Jourdain me rappelait le baptême de Jésus-Christ et le passage des Israélites venant des montagnes de Moab, dont je voyais briller à l'horizon les cîmes bleuâtres et dentelées.

A mes pieds s'ouvrait la vallée de Josaphat, sombre et profonde, hérissée de tombeaux et gardant précieusement dans un repli du mamelon la fontaine de Siloé, où la Sainte Vierge avait coutume de venir puiser de l'eau dans son enfance. Cette source, qui est enfouie à une assez grande profondeur dans le roc, au pied du mont Ophel, présente des phénomènes d'intermittence très-marqués. On y descend par un escalier d'une vingtaine de marches environ. C'est non loin de là, dit-on, que le prophète Isaïe fut scié en deux avec une scie de bois, par ordre de Manassès, 15e roi de Juda (694 ans avant Jésus-Christ). Puis apparaissaient le pauvre village de Béthanie accroché aux flancs de la montagne, où ont demeuré Marthe, Marie et Madeleine et où l'Evangile place la résurrection de Lazare ; enfin un peu plus loin, à droite, la ville de Jérusalem avec sa vieille ceinture de murailles grises.

Devant ce magnifique panorama, je me disais que l'histoire et la nature se complètent merveilleusement l'une par l'autre et que, pour être compris et appréciés comme ils le méritent, les événements importants du passé demandent à être étudiés sur les lieux mêmes qui en ont été le théâtre. Rien n'ajoute, en effet, à l'intérêt qu'inspirent les grandes actions et les grands hommes qui les ont accomplies comme de pouvoir se dire : c'est ici qu'elles se sont passées, c'est là qu'ils ont vécu. Et quelle contrée fut jamais plus fertile en souvenirs, plus féconde en personnages illustres que cette terre de Judée, berceau du Christianisme ! Quelles figures plus attachantes que celles de David et de Salomon, des Machabées, des Apôtres, et, bien au-dessus d'elles encore, les surpassant toutes de sa divinité, la grande et adorable figure de Notre-Seigneur Jésus-Christ, du Dieu fait homme !

A peu de distance de la mosquée se trouve un petit sanctuaire, bâti par la princesse de la Tour d'Auvergne sur le lieu même où, suivant une tradition pieusement gardée dans le pays, Jésus aurait récité pour la première fois, au milieu de ses disciples, la sublime invocation qui a nom l'Oraison Dominicale.

Cette chapelle, construite et décorée dans le style et dans le goût byzantins, fait partie d'un ensemble de bâtiments inachevés et décousus qui servent de logement à la princesse et à sa suite, lorsqu'elle vient à Jérusalem. De hautes murailles crénelées entourent la propriété, dont l'étendue est assez considérable, et lui donnent je ne sais quelle apparence de château-fort.

Ce ne fut pas sans difficulté que je parvins à y pénétrer. La princesse étant alors à Paris, il me fallut parlementer très-longuement avec le concierge, véritable cerbère indigène, qui prétextait je ne sais quelle consigne pour nous empêcher d'entrer. Ma qualité de vice-consul de France m'ouvrit enfin les portes du « Pater noster » (c'est le nom donné à la propriété).

Le sanctuaire, qui n'était point encore complètement achevé, communique à la maison d'habitation par un long cloître où se voit un très-beau chemin de croix, dont les enluminures sont remarquables.

Le bruit courait alors à Jérusalem que la princesse avait manifesté plusieurs fois l'intention de donner à la France son « Pater noster », à condition, toutefois, d'y établir le consulat. Cette clause serait, je crois, bien difficilement admise par le gouvernement, à cause des obstacles qui en rendraient l'exécution à peu près impraticable : je veux parler d'abord de l'éloignement beaucoup trop considérable de la cité et, en second lieu, du mauvais état des voies de communication et de la difficulté des abords.

Pour rentrer en ville, je descendis le versant est de la montagne des Oliviers, au bas duquel se trouvent les anciennes sépultures des juges et des rois. Je visitai avec un vif intérêt ces vastes nécropoles, fouillées tant de fois par la pioche patiente des archéologues de toutes les nations, qui n'y ont laissé que des débris de sarcophages brisés.

De là, je me dirigeai à travers la vallée du Gihon vers la montagne de Sion où se trouve aujourd'hui renfermé, dit-on, dans la mosquée de Naby-Daoud, le tombeau de David.

Arrivé devant le temple musulman, je hélai le gardien qui ne tarda pas à paraître. Je lui montrai quelques piastres en lui faisant signe que je voulais entrer. Il s'inclina profondément, tendit la main et m'introduisit dans une petite pièce voûtée, blanchie à la chaux, au milieu de laquelle s'élève un grossier catafalque en bois noirci, recouvert d'une étoffe de soie verte brodée en or et ombragé par un long rideau de laine à rayures rouges et vertes retombant jusqu'à terre. Sous ce catafalque est, paraît-il, le caveau où aurait été déposé le corps de David après sa mort. Mais les étrangers ne sont pas admis à y descendre. — C'est donc là tout ce que l'on voit du prétendu tombeau du Roi-Prophète, tombeau sur l'emplacement duquel, d'ailleurs, on n'est pas bien fixé. D'après la Bible et l'historien juif Josèphe, ce serait pourtant bien sur le mont Sion que David et ses successeurs ont dû être enterrés.

La mosquée de Naby-Daoud est l'église chrétienne bâtie sur l'emplacement de la maison où eut lieu la sainte Cène. C'est dans le caveau même où les musulmans ont placé leur tombeau postiche de David que fut apprêté l'Agneau Pascal.

Les lépreux de Jérusalem sont parqués aux alentours de la porte de Sion. Leur quartier marécageux et empesté est un immonde cloaque coupé de rigoles défoncées où croupissent des eaux noires et stagnantes. On n'y voit que de misérables huttes en boue séchée. C'est là que végètent, dans les conditions les plus misérables, un certain nombre de familles dont la vue seule fait horreur.

Je traversai la Léproserie pour regagner la « Casa Nuova » où je me reposai de ma longue excursion en faisant la sieste, suivant l'usage établi dans tout le Levant.

Je n'ai eu qu'à me louer, pendant les trois semaines que j'ai passées sous le toit des RR. Pères Franciscains, de leur accueil affable et empressé. A mon départ, le Révérendissime de Terre-Sainte voulut bien me remettre lui-même, à titre de souvenir de mon passage dans la Ville Sainte, un diplôme de pèlerin signé de sa main et revêtu de son sceau.

Chez eux, comme dans tous les autres monastères d'Orient, l'hospitalité est entièrement gratuite. C'est au voyageur qu'il appartient de s'acquitter à sa guise de la dette naturelle qu'il a contractée vis-à-vis du couvent. Il arrive assez fréquemment, surtout à l'époque des grands pèlerinages de Terre-Sainte, à Noël et à Pâques par exemple, que des familles indigentes logées à la « Casa Nuova » y séjournent pendant deux et trois semaines uniquement aux frais de la Communauté. Quoique l'ordinaire y soit des plus modestes, cela ne laisse pas d'être une dépense encore onéreuse pour elle. La nourriture, à Jérusalem, ne peut, d'ailleurs, jamais beaucoup varier. On n'y trouve en effet que de la viande de mouton, des courges et trois ou quatre espèces de fruits, tels que des pastèques, des olives, des figues et du raisin. On n'y fait guère d'autre pain que du pain de maïs lourd et grossier.

Les différents services publics en Turquie laissent beaucoup à désirer. Les télégraphes et les postes turcs, notamment, sont très-mal desservis. Aussi les consuls résidant à Jérusalem, au lieu de confier leurs correspondances à la poste locale, préfèrent-ils envoyer deux fois par semaine à Jaffa un de leurs cawas, porteur d'une valise qui renferme leurs dépêches et qui est directement remise, suivant le passage des paquebots, soit au courrier français, soit au courrier autrichien.

En Palestine, comme en Syrie, la langue française est très-répandue. Les colléges de Lazaristes et de Jésuites établis en Orient, ainsi que les écoles créées par les Sœurs de Saint-Vincent de Paul dans presque toutes les parties de l'empire ottoman, ont contribué largement à amener ce résultat. Aussi, sous ce rapport du moins, ne sommes-nous pas, nous autres Français, aussi dépaysés qu'on pourrait le croire lorsque nous arrivons dans ces contrées lointaines. Après le français, les autres langues étrangères qui sont le plus en usage dans les Echelles du Levant sont : la langue anglaise, la langue grecque et la langue italienne. On y parle aussi un peu d'espagnol.

BETHLÉEM

Notre séjour en Palestine tirait à sa fin. Le cours de nos pérégrinations dans l'intérieur de Jérusalem et sous ses murs était achevé. Nous avions visité tous les Lieux consacrés par le grand Drame Evangélique ou sanctifiés par la présence de Notre-Seigneur, un seul excepté, celui de Bethléem, qui allait être la dernière étape de notre pèlerinage en Terre-Sainte et où je me rendis le 28 avril.

Monté sur un de ces petits chevaux arabes au pied si sûr et à l'allure si vive, je sortis de la ville par la porte de Jaffa, appelée aussi porte de Bethléem, vers sept heures du matin. J'étais accompagné d'un cawas du consulat de France qui me servait tout à la fois d'escorte et de guide.

Le temps était superbe, je me trouvais dans des dispositions d'esprit excellentes : tout me promettait donc une heureuse journée et, anticipant sur les événements, je dirai de suite, ici, que la réalité dépassa encore mes espérances.

On compte à peine dix kilomètres de Jérusalem au bourg sacré de Bethléem.

A peine hors de l'enceinte, nous nous engageâmes dans un sentier étroit et sinueux qui descend dans la vallée du Gihon et dans celle d'Hébron que l'on contourne toutes les deux pendant une demi-heure environ, puis nous gravîmes les pentes escarpées du mont Hinnom qui aboutissent à un plateau pierreux et dénudé où se dresse sur le bord de la route, semblable à une forteresse, le couvent grec de Mar-Elias.

Ce monastère, comme son nom l'indique, est placé sous le vocable d'Elie. Il est bâti, dit-on, sur le lieu même où le Prophète se serait arrêté après s'être enfui de Jérusalem, qu'il avait dû quitter en toute hâte afin d'échapper à la vengeance de la reine Jézabel à laquelle il avait prédit sa triste fin. Les moines vous montrent à quelques pas du chemin le rocher sur lequel se serait reposé Elie et où l'on s'est ingénié à vouloir retrouver, dans une dépression assez marquée de la pierre, l'empreinte de son corps.

La route serpente ensuite en zig-zags capricieux autour du mamelon planté de vignes, d'oliviers et de figuiers, au sommet duquel apparaît, perché comme un nid d'aigle, le petit village où naquit Jésus.

En montant par ces chemins en lacets à travers la colline, j'aperçus tout d'abord à l'extrémité orientale de Bethléem une masse sombre et imposante de bâtiments noircis d'où émerge une grande tour carrée. C'est l'église de la Nativité qu'entourent les couvents latin, grec et arménien. Nous atteignîmes bientôt les premières maisons du village, que l'on traverse dans toute sa longueur pour arriver au monastère franciscain devant lequel nous mîmes pied à terre.

Je trouvai chez ces bons religieux l'accueil le plus cordial et le plus empressé. Ma première visite, comme on le pense bien, fut pour la grotte de la Nativité. Une esplanade gazonnée, peu étendue, sépare la basilique du couvent. Un couloir souterrain relie, en outre, l'une avec l'autre. Je gagnai le sanctuaire, accompagné du Révérend Père Prieur, qui était Italien. Presque tous les religieux latins résidant en Palestine sont de nationalité italienne ou espagnole. On rencontre parmi eux un très-petit nombre de Français.

L'église de la Nativité, bâtie au IVe siècle de notre ère par sainte Hélène et par son fils Constantin-le-Grand, est l'un des plus anciens et des plus authentiques monuments de l'art chrétien. Malheureusement elle a été l'objet de la part des Grecs d'une de ces mutilations qu'on ne saurait trop regretter et flétrir, aussi bien au point de vue religieux qu'au point de vue artistique. Nos fanatiques adversaires, en effet, fatigués de partager avec le clergé latin de Bethléem la jouissance de ce sanctuaire, se remuèrent de telle façon, nouèrent tant d'intrigues, firent si bien, en un mot, qu'ils parvinrent à obtenir la division du temple en deux parties à peu près égales, séparées l'une de l'autre par une affreuse muraille de quinze pieds de haut environ, qui coupe de la manière la plus fâcheuse la grande nef dans sa largeur, et qui, en détruisant toute perspective, déshonore ainsi l'antique édifice. La première section, comprenant le chœur, a été attribuée à la communauté latine, et la seconde, renfermant le bas de l'église, à la communauté grecque. Par suite de ce regrettable état de choses, les cérémonies du culte, rendues peu à peu impossibles, cessèrent bientôt complètement dans la Basilique, qui est aujourd'hui fort délabrée, à peu près abandonnée, et dont la partie réservée aux Grecs est devenue une sorte de vestibule ouvert à tout venant où ont coutume de se rencontrer, à certains jours de la semaine, les habitants du village pour traiter de leurs affaires.

« En entrant dans l'église, on embrasse d'un seul coup d'œil cinq nefs d'une grande longueur fermées par quatre rangs de colonnes corinthiennes monolithes. Ces nefs sont d'une égale longueur : celle du centre est plus large à elle seule que les deux bas-côtés réunis. Elles se composent de onze travées. Le transsept est aussi large quo la nef centrale et forme avec elle la figure d'une croix..

» Les deux extrémités, au nord et au sud, sont terminées par des absides demi-circulaires qui font saillie sur le mur extérieur de la basilique. De l'autre côté du transsept, séparé du reste de l'église par un mur de clôture élevé par le fanatisme des Grecs, les cinq nefs reparaissent avec d'inégales longueurs et forment le chœur de l'église. Celle du centre se compose de deux travées et d'une abside demi-circulaire égale à celles qui terminent les bras de la croix. Les deux suivantes, à droite et à gauche, se terminent par un mur droit à la naissance de l'abside. Cette disposition des bas-côtés du chœur s'étageant régulièrement entre les deux absides du transsept et l'abside centrale, est très-heureuse et relève d'une manière très-symétrique le sommet de la croix avec les branches latérales. La largeur totale de la grande nef est de $26^{m},50$. Les colonnes monolithes qui séparent les nefs ont 6^{m} de hauteur. Le toit de charpente qui couvre l'église est en bois de cèdre (1). »

Au-dessous de l'abside centrale s'ouvre un escalier de pierre, obscur et resserré, qui conduit à la grotte de la Nativité. En descendant ces vingt-cinq marches, je me sentais successivement gagné par une émotion toujours croissante, qui fut portée à son comble lorsque je pénétrai dans le lieu sacré, témoin de la naissance du Sauveur, et où l'on aime à reconstituer par la pensée les grandes scènes dont il a été le théâtre. Là, tout parle de Dieu, tout convie au recueillement, à la méditation, à la

(1) M. de Vogüé (Eglises de Terre-Sainte).

prière. Le silence religieux qui plane sur le sanctuaire n'est troublé que par les pieuses psalmodies des moines qui se succèdent nuit et jour au pied des autels.

C'est dans cette pauvre étable, pendant une froide nuit d'hiver, que le Fils de Dieu a voulu naître à la vie humaine. Mystère insondable et qui confond nos intelligences ! Il ne fallait rien moins que le rachat des âmes si précieuses aux yeux du Créateur, pour que ce grand Dieu consentît à prendre notre nature, à descendre sur la terre et à nous tracer lui-même le chemin du ciel.

« La conversion du monde, a dit en effet Bossuet, ne devait être l'ouvrage ni des philosophes, ni même des prophètes. Il était réservé au Christ, et c'était le fruit de sa croix. » (*Hist. univ.*)

La grotte a trois mètres de hauteur sur cinq de largeur et mesure douze mètres de longueur. Les parois intérieures disparaissent entièrement sous d'épaisses tentures de velours cramoisi brodé d'or et de soie. A la voûte sont suspendues sur trois rangs parallèles, qui vont d'une extrémité à l'autre de la grotte, de superbes lampes en or et en argent massif enrichies de pierreries, qui brûlent constamment et dont les douces clartés éclairent discrètement ce saint lieu.

A gauche en entrant, à l'endroit même où naquit le Sauveur, s'élève un autel de marbre blanc, au pied duquel est encastrée dans le pavé de mosaïque une étoile d'argent portant en exergue ces mots :

« *Hic de Virgine Mariâ natus est Jesus-Christus.* »

C'est la propriété des Latins. Vis-à-vis, à l'autre extrémité du sanctuaire, un second autel indique l'emplacement de la sainte crèche où fut mis Jésus au moment de sa naissance et qui, plus tard, fut enlevée de Bethléem et transportée à Rome. Il est surmonté d'un tableau assez remarquable dû au pinceau de Maëllo et où le peintre a représenté la sainte Famille.

Tout à côté, dans un retrait de la muraille, est l'endroit où vinrent, les premiers, s'agenouiller les rois mages et les bergers que l'étoile mystérieuse guida jusqu'au berceau de l'Enfant divin.

Les deux autels mentionnés ci-dessus sont recouverts de fleurs, de nappes en dentelles, de vases précieux et de candélabres en argent artistement ciselés, qui sont autant de dons, offerts à toutes les époques, par les divers souverains de la chrétienté.

Trois autres petites grottes, juxtaposées et transformées également en oratoires, communiquent à celle de la Nativité. Elles ne présentent, d'ailleurs, au point de vue décoratif, rien de remarquable et sont consacrées aux saints Innocents, à saint Joseph et à saint Jérôme. La tradition rapporte que ces deux grands saints y ont été enterrés.

Je voudrais bien n'avoir pas à revenir ici sur les tristes rivalités qui divisent si malheureusement les différentes communions chrétiennes de Palestine ; mais la vérité m'oblige de dire que ces dissensions intestines continuent d'exister jusque dans les profondeurs de cette pieuse grotte qui devrait être pourtant, par excellence, le sanctuaire de la paix et de la concorde. N'avons-nous pas vu, il y a à peine trois ou quatre ans, ce lieu vénéré devenir encore une fois le théâtre d'une lutte fratricide dans laquelle a coulé le sang des Franciscains !

Peu de jours avant ma venue à Bethléem, il s'était produit, dans la grotte même de la Nativité, une nouvelle tentative des moines Grecs contre les Latins, qui prouve une fois de plus la mauvaise foi et l'hostilité persistante des premiers envers les seconds.

On se rappelle que l'autel dit de la Nativité, dont j'ai déjà parlé, appartient aux Latins qui ont pris le soin, pour bien établir leur droit de propriété, de faire sceller dans la pierre l'étoile d'argent précédemment décrite.

Les Grecs, jaloux d'une prérogative obtenue depuis des siècles par leurs adversaires, imaginèrent d'enlever par ruse, ce signe matériel d'une possession légitime, espérant sans doute ainsi que, à force d'intrigues, ils parviendraient sinon à supplanter entièrement les Latins dans l'exercice de leur droit, du moins à créer à ceux-ci des embarras et des difficultés, d'où pourraient sortir de nouvelles contestations et, peut-être ensuite, de nouvelles spoliations. Car, je dois le dire ici, la partialité manifeste dont fait preuve, dans le règlement de toutes ces questions litigieuses, l'autorité turque appelée à les trancher, encourage encore les Grecs à violer leurs engagements les plus formels et à se dérober, autant que possible, aux obligations contractées par eux vis-à-vis des Latins et qui leur paraîtraient trop lourdes.

Sachant les heures auxquelles les Franciscains ont coutume, pendant la nuit, de quitter la grotte, les moines Grecs épièrent leur départ. Demeurés seuls, ces derniers s'efforcèrent d'arracher l'étoile. Mais le hasard voulut qu'un de nos religieux, rappelé dans le sanctuaire par je ne sais quelle circonstance, les surprit dans cette besogne sacrilège. Il les mit en fuite et, grâce à la vigilance incessante de la communauté latine, les Grecs durent renoncer à leurs indignes manœuvres.

Le Père prieur qui me racontait ce fait inouï, ajoutait que ses religieux étaient exténués, par suite du surcroît de fatigue que leur imposait cette surveillance de tous les moments.

Des tentatives du même genre se renouvellent souvent. Aussi notre consul à Jérusalem est-il journellement saisi des justes plaintes et des réclamations légitimes des communautés latines de Palestine, qui sont toutes placées sous le protectorat Français.

Depuis saint Louis, en effet, notre pays a toujours servi avec zèle et défendu avec un soin jaloux les intérêts catholiques en Orient, et jamais, même aux plus mauvais jours de notre histoire, la France n'a failli à cette noble tâche et à sa mission providentielle.

En dehors de la sphère relativement étroite dans laquelle elles se meuvent, ces questions religieuses sont peu connues, presque indifférentes et, partant, mal jugées. Mais sur les lieux mêmes où elles naissent, il en est tout autrement. Elles passionnent les esprits, et l'on comprend dès lors très-bien qu'elles puissent, à un moment donné et à cause des intérêts si nombreux et si opposés qu'elles mettent en jeu, devenir l'étincelle qui met le feu aux poudres.

Aussi, le poste consulaire de Jérusalem exige-t-il chez l'agent qui l'occupe, une sage fermeté alliée à beaucoup de tact et de prudence.

On retrouve partout à Bethléem et aux environs les traces et le souvenir de Notre-Seigneur : c'est ainsi qu'à un kilomètre du village est soigneusement conservée la grotte dans laquelle, d'après une tradition locale pieusement recueillie, la sainte Famille venait souvent se reposer. Nous nous y rendîmes en sortant de la basilique de la Nativité. Elle a été transformée en un oratoire très simple où les Pères latins célèbrent, à certaines fêtes de l'année, le saint sacrifice de la messe. Je vis un peu plus loin trois vieilles citernes creusées dans le roc, où la Vierge Marie accompagnée de l'Enfant Jésus avait coutume de puiser de l'eau. Tous ces souvenirs sont fidèlement gardés dans les familles du pays et sont unanimement respectés.

Je gravis ensuite seul la pente escarpée qui mène au point culminant du village, d'où l'on découvre toute la contrée à plusieurs lieues à la ronde. Le panorama est étrange, grandiose et saisissant. On ne se rappelle pas avoir jamais rien vu de semblable. Tout d'abord, on est frappé du contraste bizarre qui existe entre ce beau ciel bleu d'où jaillissent des torrents de lumière et ces steppes arides où l'œil attristé cherche en vain la trace de l'homme. Çà et là, apparaissent, dans ces vastes espaces, de maigres champs étagés de maïs, et d'orge, quelques bouquets d'olivier au sombre feuillage et, accrochées à des coteaux rocailleux, des vignes rampantes qui tordent leurs sarments noirs. Du reste, pas un toit, pas une chaumière, pas un travailleur dans la plaine, rien, en un mot, qui rappelle la vie ou l'activité. Partout la solitude immense, le silence profond.

A l'horizon, baignée dans une brume légère, se déroule la chaîne dentelée des montagnes de Judée, dont les sommets très-rapprochés les uns des autres et semblables à une longue ligne légèrement tremblée sont aujourd'hui absolument dénudés.

En contemplant cet austère paysage, je sentis passer sur moi un souffle de tristesse. Mon isolement en ce pays lointain me pesa lourdement. Les yeux plongés dans cette thébaïde, je me pris tout à coup à songer à mon pays, à ceux que j'y avais laissés, dont je me trouvais séparé peut-être encore pour longtemps, et je ressentis là durant un moment, qui me parut un siècle, toutes les angoisses et toutes les amertumes de l'exil.

La vue du village de Bethléem et de l'église de la Nativité, que je regardai instinctivement, changea le cours de mes idées et me tira de cette noire rêverie.

Je rejoignis mon vénérable guide qui m'attendait au bas de la colline et nous rentrâmes tous deux ensemble au couvent pour dîner. Je m'assis à la table des bons Pères Franciscains dont l'ordinaire est bien chétif et bien maigre. Des œufs durs, du riz cuit à l'eau, du fromage de chèvre, des fruits et du pain de maïs grossièrement fait, composaient le repas. Je bus d'un vin épais du pays d'une couleur rouge très-foncée et qui était des plus médiocres. Mais si l'ordinaire du couvent est frugal, je me hâte d'ajouter que l'accueil y est large, cordial, empressé, plein d'aménité en un mot. On ne saurait trop admirer ces moines obscurs, dévoués et convaincus, qui n'hésitent pas à tout quitter et à tout sacrifier pour se faire en Orient les pionniers infatigables de la civilisation chrétienne et les gardiens vigilants des Lieux-Saints. Dans l'après-midi, je visitai le village qui renferme une population de trois mille âmes environ, attachées en grande partie à la religion chrétienne. Les rues sont larges, bien percées et bordées de maisons bâties en pierres sèches avec toits en terrasses. L'aspect général est gai et paraît presque coquet si on le compare avec la physionomie des autres villages arabes. Ici, tout respire l'aisance et un bien-être relatif. Les habitants ont le visage ouvert, riant, épanoui. La race bethlémitaine, d'ailleurs, se distingue par son type empreint de grâce et de noblesse. Il paraît que lors des Croisades et de la domination des Rois Latins de Jérusalem, un certain nombre de Français se fixèrent en Palestine et notamment à Bethléem, déjà réputée pour la beauté de ses femmes. Du mélange des deux races serait sorti le type actuel des Bethlémitains. On prétend qu'il y a encore dans le pays quelques familles d'origine française.

Les hommes au teint bronzé, à l'œil vif et intelligent, sont trapus et vigoureux. Ils portent le pantalon bouffant, serré à la cheville, la veste de drap brun, nouée à la taille par une ceinture en laine de couleur bleue ou rouge, le gilet boutonnant haut et le fez orange ou noir doublé d'une fine toile blanche. Le turban est réservé presque exclusivement aux Turcs.

Les femmes, dont la physionomie est très-piquante, ont l'air martial et décidé. Fort brunes de peau et de cheveux, elles ont les traits vigoureusement accentués et l'allure virile. Elles sont généralement grandes et robustes. Leur parure, dont elles paraissent très-fières, consiste en de longs pendants d'oreilles en verroteries garnis de sequins d'argent qui s'entrechoquent à chaque mouvement de tête et qui résonnent comme de petites sonnettes. Le front est ceint d'une bandelette de cuivre : leurs poignets et le bas de la jambe sont entourés de larges bracelets de même métal. Comme presque toutes les femmes d'Orient, elles se peignent les sourcils, les yeux, le visage et les ongles. Ceux-ci sont généralement teints en rouge, en jaune ou en bleu. Elles emploient de préférence pour cet usage le « henné » plante asiatique dont les feuilles séchées et réduites en poudre servent à teindre en jaune safran les ongles des doigts et des orteils. Elles partagent leurs cheveux, qu'elles ont magnifiques, en épais bandeaux ramenés jusque sur leurs sourcils peints. Si vous ajoutez à cela la veste d'indienne blanche ou rose et le chéroual ou pantalon en foulard de même couleur, vous aurez dans son ensemble l'étrange et pittoresque costume des femmes de Bethléem.

L'industrie locale se résume dans la fabrication d'objets en nacre, en bois travaillé et en pierres noires de la mer Morte taillées, tels que broches, chapelets, croix, coupes, etc. On y trouve aussi ces fameuses roses desséchées de Jéricho qui s'épanouissent, dit-on, quand on les plonge dans l'eau.

Ces divers articles sont surtout achetés par les nombreux pèlerins et touristes qui viennent chaque année visiter Bethléem.

La plupart des boutiques arabes sont groupées autour de la grande place du village.

Après avoir fait quelques emplettes, je retournai au Couvent où j'avais laissé le cawas et les chevaux. Je descendis une dernière fois dans la grotte de la Nativité pour y faire mes dévotions, puis je pris congé des RR. PP. Franciscains.

J'arrivai au soleil couchant sous les murailles de Jérusalem. Il était temps d'en franchir l'enceinte : chaque soir, en effet, au déclin du jour, on ferme toutes les portes de la ville et le voyageur attardé n'a d'autre ressource que de passer la nuit à la belle étoile dans une campagne fort inhospitalière.

Je rentrai à la « Casa Nuova » assez fatigué, mais heureux et satisfait de la riche moisson de précieux et impérissables souvenirs que j'avais recueillie pendant cette journée si bien employée et si tôt passée.

Le surlendemain, 30 avril, c'est à la Ville-Sainte elle-même que je faisais mes adieux. Notre petite caravane qui se retrouvait au complet sortit de Jérusalem par la porte de Jaffa, à sept heures du matin.

Au moment où l'antique cité allait entièrement disparaître derrière nous, nous fîmes volte-face pour la saluer encore une fois. Je l'embrassai tout entière de ce regard particulier que l'on jette sur les choses auxquelles on croit dire un éternel adieu. Puis m'arrachant, non sans une poignante émotion, à ma longue contemplation, je ramenai mon cheval dans la direction de Jaffa et je m'enfonçai dans les étroits défilés des montagnes de Judée.

J'avais changé notre itinéraire pour le retour à Jaffa. Le consul m'avait indiqué, en effet, une route plus courte que celle par Ramlèh et qui avait en outre pour nous l'attrait de l'incònnu. Nous n'hésitâmes pas à la prendre et je n'eus qu'à m'applaudir de cette détermination.

Le chemin à peine frayé par endroits traverse des sites admirables et d'une sauvagerie sans égale. On aperçoit de temps à autre, au sommet des montagnes, de vieilles tours ruinées datant des Croisades et qui dominent de petits villages où l'on retrouve encore le souvenir et les vestiges des Croisés.

Vers midi, nous nous arrêtâmes pour déjeûner au pied d'une colline verdoyante, à une portée de fnsil d'un hameau arabe perché sur la montagne et qui nous faisait point de vue.

Nos gens éventrèrent un panier de provisions dû à la généreuse et prévoyante attention de mon collègue Sienkiewicz, et, assis sur des roches moussues, sous un ciel magnifique, nous fîmes tous gaiement et largement honneur à ce repas rustique.

Nous arrivâmes à Jaffa vers quatre heures de l'après-midi sans avoir rencontré un seul voyageur sur cette route isolée et peu fréquentée. Nous descendîmes au couvent Franciscain situé à l'une des extrémités de la ville et tout près de la mer.

C'est un vaste édifice, mais dont l'aménagement intérieur laisse beaucoup à désirer. Le bruit des vagues qui déferlaient sur la jetée voisine et peut-être aussi la dureté du lit que j'occupais m'empêchèrent de dormir pendant une grande partie de la nuit. Il y avait bien, au centre de la ville, un hôtel tenu par un Grec, mais la vermine y pullulait, paraît-il, de telle façon qu'elle le rendait inhabitable pour un Européen. Dans les couvents, au contraire, il règne toujours la plus grande propreté et à part les moustiques qui, en Orient, s'introduisent partout et contre lesquels on se défend d'ailleurs au moyen d'une large étoffe de gaze appelée moustiquaire, qui entoure et isole compètement les lits, je n'y ai jamais été incommodé par la présence d'aucun insecte.

Quoi qu'il en soit, du reste, je ne puis que répéter ici, puisque l'occasion s'en retrouve, ce que j'ai déjà dit, à savoir que l'hospitalité spontanée et désintéressée des Communautés latines de Terre-Sainte est, à tous égards, de beaucoup préférable à celle que vous vendent parfois fort cher de mauvais hôtels garnis.

Le lendemain matin, au point du jour, je me rendis sur l'étroit et misérable quai que possède Jaffa pour voir si le paquebot qui devait nous emmener à Beyrouth était signalé. Je l'aperçus déjà à l'ancre, roulant violemment sur la vague houleuse. Il arrivait d'Alexandrie et de Port-Saïd. C'était le *Volga*, navire sur lequel j'avais fait, l'année précédente, la traversée d'Alexandrie à Beyrouth.

Après avoir parcouru la ville, je regagnai le monastère à l'heure du dîner.

En entrant dans le réfectoire de la communauté, je m'y rencontrai avec un prélat brésilien débarqué le matin même. Il était accompagné d'un ecclésiastique. Je me trouvai placé à table à côté de lui, et j'appris ainsi qu'il se rendait à Jérusalem où il avait compté arriver pour les fêtes pascales. Mais des incidents imprévus et des mauvais temps survenus dans le cours de son lointain voyage l'avaient retardé.

Notre conversation roula presque exclusivement sur les Lieux Saints qu'il n'avait point encore visités, et je fus très-heureux de pouvoir fournir à ce vénérable évêque, dont la noble distinction de manières égalait l'élévation d'esprit, tous les renseignements qui pouvaient lui être utiles. Je lui parlai notamment de la « Casa-Nuova » où une vaste chambre était réservée pour les prélats de passage dans la Ville Sainte, chambre dans laquelle j'avais moi-même logé par faveur, et je ne pus m'empêcher de songer à ce moment que si, comme elle en avait formé le projet, Sa Grandeur était arrivée trois semaines plus tôt à Jérusalem, j'aurais sans doute été obligé d'aller chercher un gîte ailleurs, dans l'un de ces petits hôtels dont la malpropreté est, à juste titre, proverbiale là-bas.

Je devais quitter Jaffa dans l'après-midi. Après le dîner, nous prîmes congé des RR. PP. Franciscains et nous allâmes attendre chez M. Philibert l'heure fixée pour notre embarquement. Nous retrouvâmes sous ce toit hospitalier l'accueil cordial que nous y avions déjà reçu lors de notre premier passage à Jaffa. Nous devisâmes de la France, sujet de conversation toujours cher aux exilés, en fumant le blond tabac de Lattakié et en buvant ces excellentes limonades à la neige dont les Arabes ont seuls le secret.

L'heure du départ sonna trop tôt pour nous et ce fut notre aimable hôte lui-même qui nous conduisit à bord du *Volga* dans son embarcation.

A cinq heures précises, nous levions l'ancre et nous ne tardions pas à perdre de vue Jaffa et ses rivages sablonneux.

A bord de notre paquebot se trouvaient aussi un assez grand nombre de pélerins schismatiques grecs et russes qui retournaient chez eux. En me promenant sur le pont après le dîner, je remarquai avec étonnement plusieurs familles groupées à l'avant du navire, autour de lanternes dont les bougies allumées brûlaient sans interruption. Le tableau que j'avais sous les yeux était des plus curieux. Ces lueurs dans la nuit, qui éclairaient et faisaient ainsi ressortir les types accentués et les costumes bizarres de ces passagers, lui donnaient, en effet, je ne sais quelle teinte fantastique.

Je ne tardai pas à avoir l'explication de cette

illumination *a giorno*. C'était tout simplement le « Feu sacré » que ces fanatiques entretenaient ainsi depuis la fête du Samedi-Saint à Jérusalem, et qu'ils rapportaient à ceux de leurs parents ou amis qui n'avaient pu les accompagner. Ce fait m'a paru intéressant à raconter.

Le lendemain matin, 2 mai, au soleil levant, notre paquebot mouillait devant Beyrouth, après une traversée des plus favorables.

Le panorama de la ville et des montagnes du Liban qui la dominent, vu de la rade, est sans contredit l'un des spectacles les plus riants et les plus pittoresques qu'il soit donné au touriste de contempler sur les côtes de Syrie.

Avec ses maisons blanches terminées en terrasses et superposées en étages, dont les premières construites tout au bord de la mer se mirent dans les eaux bleues de la Méditerranée, avec ses jardins toujours verdoyants et ses collines couronnées de palmiers, de chênes-verts, de lauriers-roses et d'orangers, Beyrouth peut être justement appelée la « rose de l'Orient. »

Un éclatant soleil de printemps jetait ses torrents de lumière sur cet admirable tableau, qui a pour cadre les merveilleuses chaînes du Liban, dont les sommets altiers étaient encore noyés dans les vapeurs bleuâtres du matin.

Sur le point de débarquer, j'eus une alerte qui me causa un moment d'inquiétude. Mon domestique, chargé de la garde des bagages déposés sur le pont du *Volga*, vint tout-à-coup m'annoncer qu'une des malles avait disparu. C'était précisément celle où j'avais déposé mes acquisitions et mes souvenirs de Palestine. Elle avait été emportée par un de ces nombreux Arabes qui, dans les Echelles du Levant, prennent pour ainsi dire d'assaut tous les navires qui paraissent sur rade.

M'étant jeté dans la première barque venue, je donnai ordre de me conduire à la douane. En débarquant, j'aperçus sur le quai ma caisse entre deux portefaix indigènes qui paraissaient veiller sur elle avec le plus vif intérêt. Dès qu'ils m'aperçurent, ils vinrent au-devant de moi avec force sourires et salutations, s'attendant sans doute à des félicitations de ma part. Malgré mon mécontentement, la satisfaction d'avoir retrouvé ma malle modifia mes premières dispositions à leur égard : je ne leur tins pas rigueur et leur donnai le baghchich (gratification) attendu.

Ainsi se termina très-heureusement mon voyage de Terre-Sainte, dont j'ai essayé ici de rendre fidèlement les impressions et de retracer les principaux épisodes. Puissent ces pages rencontrer le bienveillant accueil sur lequel il m'a fallu compter pour me décider à les écrire.

R.F.

TABLE

De Beyrouth à Jérusalem 7

Bethléem 105

Douai. — L. Dechristé, imprimeur breveté, rue Jean-de-Bologne.

www.ingramcontent.com/pod-product-compliance
Ingram Content Group UK Ltd.
Pitfield, Milton Keynes, MK11 3LW, UK
UKHW022113190726
13855UKWH00002B/835

9 782013 352468